熱帯の森から

森林研究フィールドノート

渡辺弘之
Hiroyuki Watanabe

あっぷる出版社

まえがき

私の海外渡航はこれまで一二五回になる。その多くは、タイ、マレーシア、インドネシアを主に、ベトナム、カンボジア、ラオス、ミャンマー、フィリピンなど東南アジア諸国への森林研究のためであった。

大学院は、京都大学大学院農学研究科の、四手井綱英教授がおられた森林生態学研究室へ進学した。好きなことをやればいいというので、昆虫好きだったこともあり、研究テーマを「土壌動物の森林生態系での役割」とした。

森林では毎年ほぼ一定の葉が地表（林床）に落ち、それと同量の葉が分解・消失している。そこでまず、日本全国のいろんな樹種の森林で、そこに貯まっている落葉堆積量を調べることから始めた。毎年落ちてくる落葉量との比（これを落葉の年平均分解率という）は、何年分貯まっているか、何年で分解されるかを示している。その結果、落ち葉の分解にはブナ・ミズナラ林で二〜三年、シイ・カシ林で一〜二年、オオシラビソ・コメツガ林で六〜二〇年も必要とすることがわかった。この分解率に土壌動物が関与しているはずだと、そこで落葉層・土壌中の土壌動物の個体数・現存量を調べた。

予想通り、オオシラビソ・コメツガ林など寒いところ、落葉のたくさん溜まっているところには土壌動物は少なく、シイ・カシ林など暖かいところ、落ち葉が少ししか貯まっていないところには多かった。ミミズ、ダンゴムシ、ワラジムシ、ヤスデなど落ち葉を食べる動物が多く、すぐに分解され消えるのだと結論づけた。きわめて荒っぽい調査だが、土壌動物が落葉の分解に大きく働いていることを証明できた。もちろん、これには気温も大きく関係している。

その当時、熱帯雨林では落ち葉はすぐに分解され、地表には新しい落ち葉がぱらぱらあるだけ、計算上では落ち葉は数ヵ月でなくなることを知った。新しい葉が落ちて来ても、あっという間に食べられ、消えてしまうということだ。日本でも、北に比べ南の森林で落葉の分解が早い。それならもっと南の東南アジアの森林にはさらに土壌動物が多いはず、土壌動物がどのくらい多いのか、自分で調べてみたいと思った。

一九六三年、京都大学東南アジア研究センター（当時）が編成した初めての調査隊、森林調査の隊員に選ばれ、イギリス船籍の貨物船、奉天号で調査道具ともどもタイまで行くことになった。これは本当に嬉しかった。土壌動物への興味はもちろんだが、純粋に東南アジアへ行ってみたかったのである。この時は、タイのカセツァート大学・チュラロンコン大学との合同調査であった。初めての海外渡航で多くの失敗もあったのだが、刺激のある毎日だった。今なら飛行機で飛んで行けるが、二週間の船旅を経てのバンコク上陸、さらにプーケット島でインド洋の海岸に到着したとき、この向こうはインド、アフリカなのだと興奮したことを覚えている。

タイにも多様な森林がある。北部山岳地のマツ林や東北地方平地の乾燥のきびしいモンスーン林には、動物は日本より少なかったし、マレーシア国境に近い熱帯雨林でシロアリのいるところでは、本当にあっという間に落ち葉が消えた。シロアリが落ち葉を食いちぎり巣に運ぶのである。一年中暑く雨の多いことも関係する。日本では秋から春まで土壌動物も活動を休止する。

そのあと、一九七二年、一九七四年にはマレーシア、パソーで英国・マレーシア・日本の熱帯雨林の生産力調査に参加し、熱帯雨林での土壌動物の個体数、現存量を調べた。この土壌動物研究は続け、タイ東北部での焼畑が土壌動物に及ぼす影響、ここでみつけた大きな糞タワーをつくるミミズの土壌耕耘量などを調べた。

一九八一年、京都大学大学院農学研究科に新設された熱帯農学専攻へ配置換えとなった。熱帯林消失が地域の生活環境を大きく破壊していること、それは大きく地球環境にも影響すると認識されるようになった時代である。私自身は動物にも植物にも興味があったので、この配置換えはうれしいものだった。

その当時でてきたのが、アグロフォレストリーという言葉だ。これで発展途上国の森林再生、農業・食糧生産が確保され、生活環境が改善できる特効薬（パナセア）とされた事業である。森林消失したところに森林を再生させるだけでは、地域住民の生活レベルの向上にはつながらない。植林と同時に、その樹木の列間で農業生産をするというのである。それも国をあげての事業である。研究対象として「森林と人」、「熱帯林の維持と地域住民の生活の両立」とした。具体的にはアグロフォレストリーや非木材林産物生産である。

まず、タイ森林産業機構が実施するアグロフォレストリーの一つタウンヤ法の実際、その利点と問題点を知るため、タイ各地にある森林村を訪ねた。土地なし農民に三年という期限付きで土地を与え、そこに苗木を植えさせ活着がよければボーナスがでるという仕組みである。チークやユーカリの列間でオカボやキャッサバなどを作っていた。タイ森林産業機構は、荒廃地と苗木を与えるだけで森林再生ができる。入植者は苗木を植えれば、その列間で耕作ができる。双方に利点があると宣伝していたが、入植者にしてみれば、やっと整地したとしても、三年での次の耕作地に移動することになる。作物収量を増やすため、樹木の植栽本数を減らし、もっと長い年限での耕作を認めて欲しいとの要望がでていた。それぞれの地域に多様なアグロフォレストリーがあり、それぞれに利点・問題点があった。そんな調査をタイやインドネシアで続けた。

その後、林業（森林）と農業の組合わせとして東北タイの水田の樹林、森林内でのチャの栽培、樹木菜園、樹木野菜など多様なアグロフォレストリーの実際を調べた。

一方、タナカ、ビルマウルシ、ラックカイガラムシ、コパール・ダマールなどの樹脂、ラタン（籐）、ニッケイ（肉桂）、アセンヤクノキ（阿仙薬）、アンソクコウノキ（安息香）、カユプテ（オイル）、フタバガキ樹木からのテンカワン（イリッペナッツ・オイル）、カジノキでの製紙など多様な非木材林産物生産で地域社会が維持されている例をみつけ、その実態を東南アジア各地で調べてきた。

本書では、これまでの森林調査での着想、結果、失敗、印象に残った出来事などをNPO法人自然と緑（大阪）の隔月発行の会誌『自然と緑』に「森林研究ノート」として、№69から№110までに四二回にわたって、気楽に書かせてもらったものに手を加え、収録している。また、『自然と緑』№65から№76に「東南アジアの森林こぼれ話」として書かせていただいたものから、内容の重ならないものをいくつかコラムとして採録した。

あくまで回想的に研究の思いを語ったものであるが、熱帯の森林と人々の暮らしの係わりが少しでもお伝えできればうれしい。

熱帯の森から　森林研究フィールドノート――目次

1 消える森林文化と知識

多様な民族と言語

インドネシアには一三、五五七もの島があるという。種族や言語の数は定義でかなりちがうようだが、そこに三五〇以上の種族が存在し、言語も二五〇あると聞いた。ジャワ島でも東はジャワ語、西はスンダ語で、共通語としてインドネシア語がある。タイ北部ゴールデン・トライアングルの狭い山岳地域にも山地民とか少数民族と呼ばれる三〇もの種族が生活している。ベトナムでも五三の種族から構成されると聞いた。

同時に、熱帯林の生物多様性が強調されるように、地域ごとで、動物相も植物相も大きく異なる。すなわち、それぞれの種の分布域の狭いものが多い。そこにしかいない動物、そこにしかない植物、すなわち、その地域特産種・固有種といわれるものが多い。そこに住む人しか、それらを知らないということだ。

それぞれの地域に住む人々（種族）はその地域の動植物をよく知り、日常の衣食住の中で利用している。スマトラ、ボルネオ、マレー半島にはいまだ定住せず、森の中を移動する狩猟採集民と呼ばれる人々もいる。その生活では、衣食住すべてを森林から得ている。どれが利用できるものか知っている、その知識がなければ生活し得えない。私たちがある日、何も持たずいきなり熱帯林へ放り込まれたら、生存は数日だろう。

1-1 森林と置き換わったアブラヤシ（マレーシア、ネグリセンビラン）

タイ北部、ゴールデン・トライアングルのルア族は九六七種もの植物を村落周辺の森林から採収し、そのうち二九五種を食料とし、一二三種を薬用、七五種をデコレーション、三三種を織物や染料、八種を毒、五種を忌避剤として利用したという（Kunstadler, 1978）。フィリピン、ミンドロ島のハヌノー族は驚くなかれ、一、六〇〇種もの植物を識別しているという（Conklin,1957）。

趣味の植物採集、研究者としての知識ではない、生活のために採集して、どれが食べられ、どれが毒か、それらが山にあるのか谷にあるのか、どの時期に得られるか、それをどう加工・保存するかを知っているということだ。そこには当然、採（捕）り過ぎないように管理する知識、タブーがある。

ゴールデン・トライアングルでのこと、住民が採ってきたキノコをみせてもらった。赤、紫、黄、さまざまな色と形のキノコがあった。私にはすべてが毒キノコにみえたが、それぞれちがった名前があり、調理法もちがうという。毒のものもあるが、毒抜きをして食べるらしい。その知識はキノコ学者より確かなものに思えた。

消える言語

学生たちと山を歩いていて、私がイワナシやナツハゼの実を食べ、ケンポナシの枝先を齧ると、「食べられるんですか」と驚きと尊敬の眼差しを向けてくることがある。そんなものを食べた経験がないのである。一方で、私はすぐにかぶれるので、ウルシ、ハゼ、ツタウルシの存在には人一倍早く気づき、触らないようにしている。経験あっての知識である。日本の山では少々自信があるが、東南アジアの森ではまったくの無能だ。かぶれる木かどうかもわからない。知らないで触ってひどくかぶれたこともある。

現地の人々の植物に対する知識はすばらしいものだといったが。それらの植物はその地域にしかないもの、そこに住む種族しか知らないものだとすると、その地域の森林が消失すれば、また国語教育によって民族固有の言葉が失われれば、その知識は永遠に失われてしまう。実際、小学校の設立、ラジオ・テレビの普及で国語教育が優先され民族固有の言葉は急速に失われている。学校教育の普及には賛成するのだが、植物に対する知識は世界に通用する学名ではな

1-2 ジャムゥ売り（インドネシア、ジャワ）

い。それぞれの民族が固有の名前をつけているものだ。

薬用・毒など有効な効力をもつ植物の情報は、その地域の人々が長い年月をかけ、自分たちのからだでその効果を確認してきたものだ。その知識が記録されることなく消失してしまうのは本当にもったいない。大げさでなく、人類のもつ貴重な知的財産が失われている。

インドネシアのジャムゥ

インドネシアの森林調査では泊っている町の中でも、調査している村の中でも、背中に大きな籠を背負って小さなポリタンクや瓶に入った生薬を売り歩くジャムゥ売りに出会った。薬はほとんどが液体だが、原料の植物の根や樹皮ももっている。中身が何なのか、そもそも薬を溶いた水は大丈夫かと同行の学生たちが心配するが、「疲れているから元気になる薬はないか」と注文して、何度か呑んだことがある。症状を聞き、その場で調合してくれる。医師や薬剤師ではないが、生薬に対する知識、長い経験をもっている。それも毎日、同じところを歩き回って飲ませている、毎日生体実験をしているということでもある。もし効果がなければ村人の信頼は得られない、商売ができなくなる。近代の医学・薬学で調べれば、まちがいない薬効が証明されると思っている。狩猟採取民がもっている知識、調べれば大発見があることは確かだ。

1-3 カレン（首長）族（タイ、チェンライ）

その例が毒植物である。インドネシアでウパス、マレーシアでイポーなどと呼ばれるクワ科のウパスノキ（*Antiaris toxicaria*）やタイでクラチー、中国南部でマチン（馬銭）と呼ばれるフジウツギ科のストリキニーネノキ（*Strychnos nux-vomica*）などである。これらの果実や葉を叩いて潰し、川や池に流し魚毒として使う。逆に、これを生薬として強壮・解熱などにも使うと聞いた。

ところが、ストリキニーネノキの毒成分は種子だけにあり、果肉は食べられるという。同属のクロウゥサー（*S. nux-blanda*）はタイ北部にあるが。これには毒はなくその果実は食べられるという。有毒・無毒の実が見分けられ、有毒のものも種子を除けば食べられるという知識は日本でのフグに対する知識のように、長い年月をかけての経験からわかったことであろう。フグの有毒と無毒の判別、有毒フグの毒部分を除く調理法をみても、その知識の完成には多くの犠牲者を出した上でできたものであろう。

熱帯林の維持管理・熱帯林の造成

それだけよく熱帯林の産物のことを知っているはずなのに、熱帯林の管理・熱帯造林が進まなかった原因は、その地域に住む人々が森林管理・再生の知識、すなわち、種子の保存、苗木の育成などの知識を持っていないからだといわれてきた。東南アジアの森林の優占樹種であり、ラワン・メランティとして知られる有用なフタバガキ科樹木の結実は数年ごと、それら種子の発芽能力をもつ期間は短く、冷蔵保存ができないなど、造林が難しいことは確かにある。

1-4 精霊の宿る木（タイ・チェンマイ）

インドネシア、バリ島へ行ったとき、サンゲエにあるブキット・サリ寺院、通称サルの森がフタバガキ科のクルイン・ブンガ（*Dipterocarpus trinervis* と書かれたラベルがついていた）の、それも広さ一〇haにも及ぶ造林地であることを知った。一七世紀にこの地を支配したメングィ王家が建立したヒンドゥ寺院の創建時に植林したとされる。すでに樹齢三〇〇年を越える。スマトラ南部クルイのフタバガキ科樹木と果樹の組み合わせの例も述べる。熱帯での造林例はあるのである。

しかし、現在東南アジアで行われている熱帯林再生の樹種はオーストラリアからのユーカリ、アカシア類、北アメリカからのマツ類など外来の早成樹である。短期間での同一樹種の収穫は経済的には利点もあるが、病害虫の発生などの問題にも直面する。熱帯の森林からは多様な非木材林産物が得られる。木材だけでなく、非木材林産物の生産をもっと考えればいい。その知識は地域住民がもっている。

2 熱帯の非木材林産物

森林からの多様な産物（林産物）

森林からは木材や薪炭だけでなく、山菜、木の実、キノコ、薬草、狩猟による獲物、家畜の飼料、あるいは渓流の魚など、さまざまな産物が得られる。森林に多様な産物のあることは熱帯林の中に暮らす先住民とか原住民と呼ばれる人々の生活をみればよくわかる。衣食住、すべての生活材料を森林から得ている。

森林産物（林産物）は一般に製材という過程を通る木材（Major products）と、薪炭・タケ・ラタンなど製材過程を通らない産物（Minor products）に分けていた。日本で特用林産物（林野副産物）と呼ばれたものが後者である。ところが、製材品以外に、製紙用パルプ・チップ、パーティクルボード用のチップなど木質部の利用が増加したこと、木材生産でなく、木材以外の産物・非木材林産物（Non wood forest products：ＮＷＦＰｓ、Non timber forest products：ＮＴＦＰｓと略記）生産での森林の維持が主張され、木材産物をメジャー、非木材産物をマイナーとする考えはなくなった。

非木材林産物を「利用の目的で森林から取り出される木材以外の生物的なすべての原材料」としているが、その非木材林産物の重要性・生産量は地域ごと、国ごと林業統計ごとでちがう。その定義、範囲、区分が大きくちがうのである。簡単なものでは、非木材林産物を大きく、サゴヤシ、バナナ、シナモン、家畜飼料など食用植物産物、狩猟による鳥獣、蜂蜜、渓流の魚など食用動物産物、ラタン、タケ、鑑賞用植物、ダマール・松脂などの樹脂、繊維など非食用植物産物、そして蜜蝋、ラックなど昆虫産物、シカの角など非食用動物産物に分けている。

非木材林産物とは

しかし、各国の林業（森林）統計ではもう少し細かく分けていることが多い。すなわち、樹脂、精油、繊維、製紙、タンニン、染料、薬用、燃材（薪）、木炭、タケ、

2-1 ラタン（籐）（インドネシア、サマリンダ）

ラタン、食料、動物産物、飼料、鑑賞植物といった項目に分け、それぞれの生産量が林業統計の中で示されている。インドネシアでは樹脂といっても、ナンヨウスギからのコパール、フタバガキ科樹木からのダマール、マツ類からの松脂、チューインガムの原料ジュルトン（クワガタノキ）からの樹脂に分けている。これらの生産量がいずれも多く、重要な産物となっているからである。

先に木材産物とは板材あるいはベニア・合板など製材という過程を通ったもの、および、製材されなくてもチップなどに加工された木質部の利用だといったが、薪炭（木炭・薪）は明らかに樹皮をもった木質部である。タケ、ラタンも木質そのものだし、沈香・白檀などは、その材を彫刻・工芸材料にするのだが、これも非木材林産物として扱っている。厳密な区分は案外むつかしい。

オカボ（陸稲）やトウモロコシが林産物？

この非木材林産物の定義・区分で、さらにややこしい問題がでてきた。アグロフォレストリーでの産物である。本書で詳しく述べていくが、アグロフォレストリーとは同じ場所で林業と、農業・畜産業・水産業を同時に行うことである。チークやユーカリ類を植林しながら、その林内でオカボ（陸稲）やトウモロコシを栽培する、あるいはその林内に家畜を放牧する、マングローブで魚やエビを養殖するといったことだ。オカボやトウモロコシは農産物、家畜は畜産物、魚やエビは水産物でもあるが、アグロフォレストリーではこれらの産物がまちがいなく森林から得られている。森林からの産物なのだから、オカボやトウモロコシ、家畜、魚やエビが非木材林産物ということになる。しかし、あまり定義にこだわらなくてもいい。森林が、とくに問題になっている熱帯林が維持・再生され、そのことによって地域住民の生活環境が改善され、地域社会が維持できればいいのである。

野生生物の採集・捕獲を許せるか？

インドネシアの林業統計で動物・植物の輸出量をみると、少し古い統計だが、一九九〇年一年間だけで生きている鳥類四八三、五二六個体、哺乳類（サル類）八、七七三個体、爬虫類（皮革）九八二、五八九枚、生きている爬虫類七七、五六五個体、両生類四八、九〇〇個体、生きている魚類（アロワナ）一、四〇〇個体、ラン（蘭）二六、一〇四株、シダ一五一、七六〇株、珊瑚・海綿一、六七六、八三二個で、金額は約三七億ルピア（当時の換算レートで一円は約一〇〇ルピア）となっている。現在では少し様子はちがっていると思うが、多様な野生動植物が採集・捕獲され、輸出されたことは確かである。

当時、よくインドネシアへ出かけていてこの資料を入手したのだが、この数字には驚いた。現在でも東南アジア各地の市場、花鳥市場を覗くと、サル、野鳥、ヘビ、陸カメ、トカゲなど多様な動物が売られている。多くは野生のものを捕ってきたものだろう。レストランでもオオトカゲ、オオコウモリが食材になっていた。

お土産屋さんではアカエリトリバネアゲハ、アトラスオオカブトムシ、フトタマムシ、サソリなどの標本やそれらが樹脂に封じ込められたペンダントなどがたくさん売られている。

この林業統計の数字、また実際に売れられている写真をみてどう思われるだろう。野生生物保護の教育ができていない、法律・罰則が機能していないとった反応があるのではないだろうか。実際に、私が森林調査中に出会った猟師の獲物がまっ赤なインコの仲間であったが、もちろん死んでいた。愛玩用でなく食べ物だったのである。こんなものまで捕るのかと驚いたことがある。私自身も東南アジアの自然の保護・野生生物保護が十分でないと感じている。

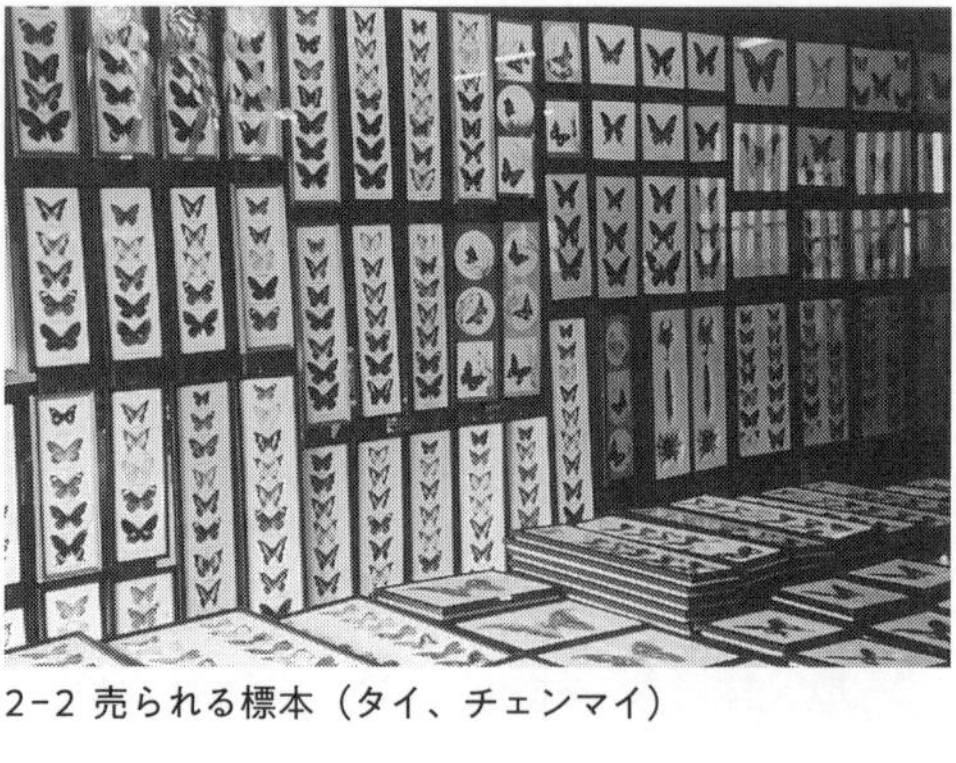

2-2 売られる標本（タイ、チェンマイ）

非木材林産物生産での熱帯林の維持

ネットでペットショップを検索すると、東南アジアのダイオウヒラタクワガタが一匹七、〇〇〇円、メガボールと呼ばれる大きなダンゴムシ（ネッタイタマヤスデ）が一〇、〇〇〇円などとでてくる。大木一本より、クワガタムシやダンゴムシの方が高価に取引されている。樹木を伐採し木材として販売するよりも、森林を残し、そこから多様な動植物を、絶滅しないように少しずつ採集し販売する、あるいは森林内で飼育・養殖する、その方がずっと大きな収益が、それも長く得られるのではという考え方もできる。

2-3 アカエリトリバネアゲハ（常喜豊氏撮影、マレーシア、サバ）

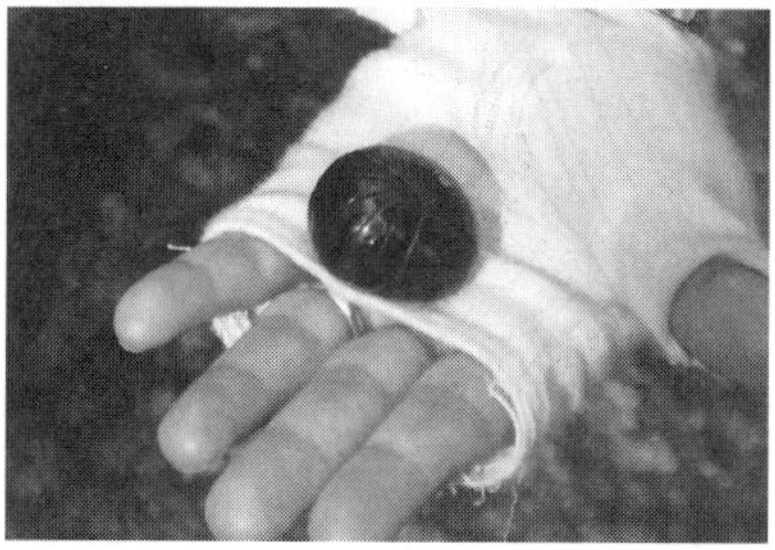
2-4 ネッタイタマヤスデ（サバ、キナバル）

クワガタムシやダンゴムシ以外にも、熱帯林内にはランやビカクシダなど高価に販売できる植物がたくさんある。それらを絶滅しないように持続性を考えながら、少しずつ取り出すのである。そうすることで、森林伐採を抑え、熱帯林を保護・維持することができ、そこで暮らす人々の生活レベルの向上、地域社会の維持ができるはずである。

もちろん、国立公園や自然保護区などをできるだけ大きく設定することも大切だが、現実に木材生産のために森林が伐採されているとき、木材林産物でなく、多様な非木材林産物生産で熱帯林を維持することをもっと真剣に考えていい。

3 これが非木材林産物？

熱帯林からは多様な森林産物（林産物）、すなわち、木材産物・非木材林産物が取り出せる。その産物の品目・生産量は地域により大きく異なる。東南アジア各国の林業（森林）統計をみていて、えっ、これが非木材林産物？ と驚いたことがある。

インドネシアは面積も大きく、森林・林業大国であるが、非木材林産物の樹脂としてはナンヨウスギ科ナギモドキ（*Agathis*）属の樹木からの樹脂コパール、マツ類からの樹脂オレオレジン（テレピン・ロジン）、フタバガキ科サラノキ（*Shorea*）属の樹木からの樹脂ダマール、キョウチクトウ科の樹木クワガタノキ（ジュルトン）（*Dyera costulatus*）からのチューインガム原料の樹脂、フトモモ科カユプティ（*Melaleuca leucadendron*）からの精油カユプティ・オイル、フタバガキ科サラノキ属数種の果実を搾油しての食用油脂イリッペナッツ・オイル、クスノキ科のボルネオテツボク（*Eusideroxylon zwageri*）からのシラップ・ウリンと呼ばれる屋根葺き用柿板、スパイスとしてのシナモン（ニッケイ）、そしてタケ、ラタンなどが並ぶ。これらが重要な非木材林産物なのである。

シルク（絹糸）

インドではカイコ（蚕）、エリサン、ムガサン、タッサー（タサールサン）など絹糸を吐く蛾類の飼育がさかんであるが、東南アジアではカイコ（*Bombyx mori*）だけのようである。インドネシアの林業統計の中にシルク（絹糸）があった。これは日本では農産物の扱いであろう。タイのタイシルクが有名だが、ここでも一般には家屋の周囲にクワを栽培しての養蚕である。タイでもシルクは農産物の扱いである。

ところが、インドネシアのジャワやカリマンタンでは国有林内にクワを植え、養蚕をしている。インドネシアでも多くはないがシルク（絹糸）を生産している。村落振興策として国有林内でクワの栽培と養蚕を奨めているのだ。国有林内での生産なのだから、まちがいなくシルク（絹糸）は森林からの産物、非木材林産物なのである。

ツバメの巣

森林産物としてツバメの巣（バードネスト）がでてくることにも驚いた。非木材林産物を熱心に調べていた当時のことだが、インドネシアの林業統計では一九九〇年から一九九一年の一年間にツバメの巣四、五九四kg、価格は一、六〇〇万ルピアとなっている。食文化の豊かな中国人だが、ナマコやクラゲならまだしも、ツバメの巣（バードネスト）を食べることを思いついたのには感心する。中華料理の中でもとびっきりの珍味、かつ高価な食材だ。

3-1 ツバメの巣（天保保博氏撮影）（サバ、サマリンダ）

一般にツバメの巣といわれるが、ツバメとはまったく別種のアナツバメの巣である。どちらも空中を高く、それも早く飛ぶなど、姿・かたちはよく似ているが、ツバメはスズメ目ツバメ科、アナツバメはアマツバメ目アマツバメ科アナツバメ（*Collocalia*）属のもの、類縁関係は遠いとされる。ツバメの巣の主産地はマレー半島とボルネオで、少量がミャンマーやフィリピンで生産されるようだ。

アナツバメ類は唾液腺がとくに太く、大量の粘液を分泌し、巣材をこの粘液で固める。中でもショクヨウアナツバメ（*C. fuciphaga*）は巣をほとんどこの粘液でつくるようだ。中華料理の本には「海藻を唾液で固めたもの、海藻の匂いがする」とあったが、アマツバメの仲間である。餌は空中で捕る昆虫類だ。海岸へ行って海藻の着いた岩場へ下りることはないらしい。

アナツバメは石灰岩洞窟の天井に巣をつくる。高い天井までタケとラタンでつくった梯子を掛けて採りに行く。それも暗い洞窟の中での作業である。ボルネオ島サラワクのミリ郊外のニアーケイブでもみたが、極めて危険な作業であった。巣は卵を産むためにつくるものである。これを採るということは雛が育たず、絶滅してしまうことになる。実際には、巣を採ると、もう一度巣をつくるらしい。二度目のものは採らずに繁殖のため残すのだと聞いた。

ボルネオには海岸部はもちろん、内陸部にもたくさんの石灰岩洞窟がある。東カリマンタン、サマリンダに注ぐ全長九〇〇kmのマハカム河の最上流でも、原住民といわれる人々がツバメの巣を採取している（安間繁樹『ボルネオ島最奥地をゆく』晶文社（1995)。こんなところから海岸まで毎日海藻を食べに行っているはずがない。ここでも沈香とツバメの巣が砂金と並ぶ価値ある収入源なのである。

このツバメの巣が林業統計にでてくることは、国有林内にある石灰岩洞窟でのツバメの巣の採取に税金が掛けられ、その収入が林業統計に反映されるからだ。

コウモリの糞（グアノ）

グアノ（Guano）とは海鳥の糞などが長年堆積し化石化したもの、肥料として利用されることは知っていたが、ミャンマーの林業統計にグアノとあることに驚いた。これは洞窟に住むコウモリの糞のことだった。夕方、洞窟から飛び出し、夕空に大集団で龍のように飛ぶ「ドラゴン・フライ」はサラワク、ミリ郊外のムルが有

3-2 バンコクで売られるツバメの巣スープ

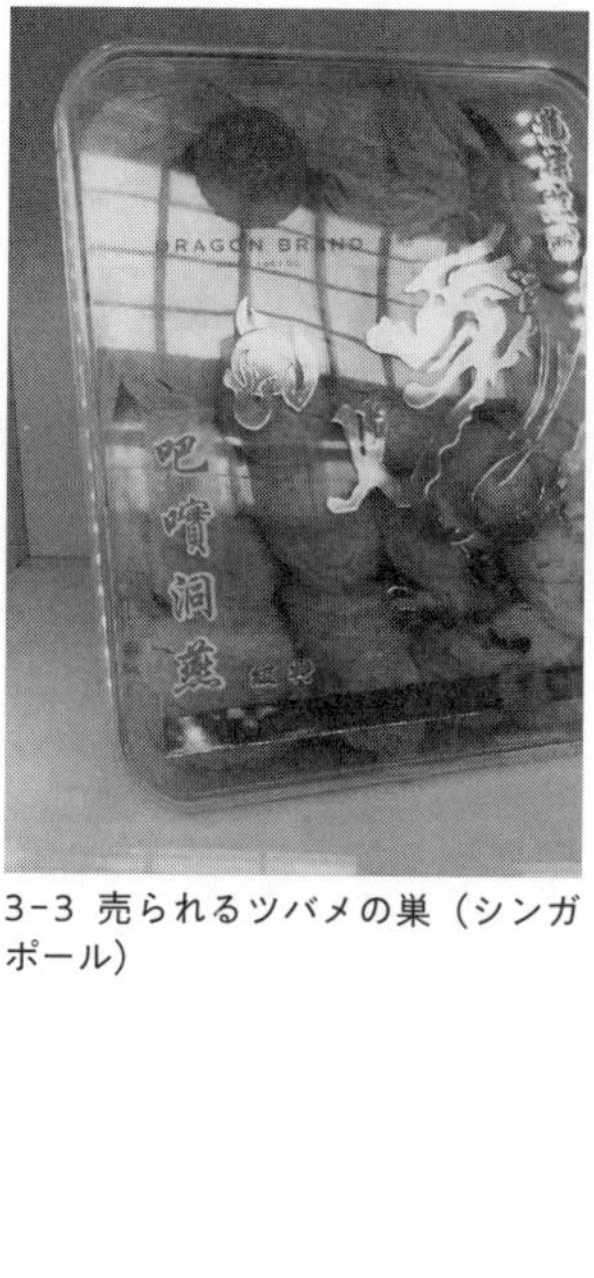

3-3 売られるツバメの巣（シンガポール）

名だが、ドラゴン・フライはあちこちでみられる。

　タイの半島部、ラチャブリ近郊のカオビン洞窟へコウモリの飛翔前に登り、飛び出しを待ったことがある。洞窟から漏れてくる悪臭で吐き気がした。あまりに耐えられない臭さだったので、空気を吸わないようにしたら酸欠になってふらふらした。日没になり、突然の振動・羽音ともに、洞窟の入り口と同じ大きさのコウモリの筒が飛びだした。三億匹いるといわれたのだが、根拠はともかく、そのくらいいるかもと思わせるものであった。悪臭はもちろん洞内に貯まった糞のにおいである。

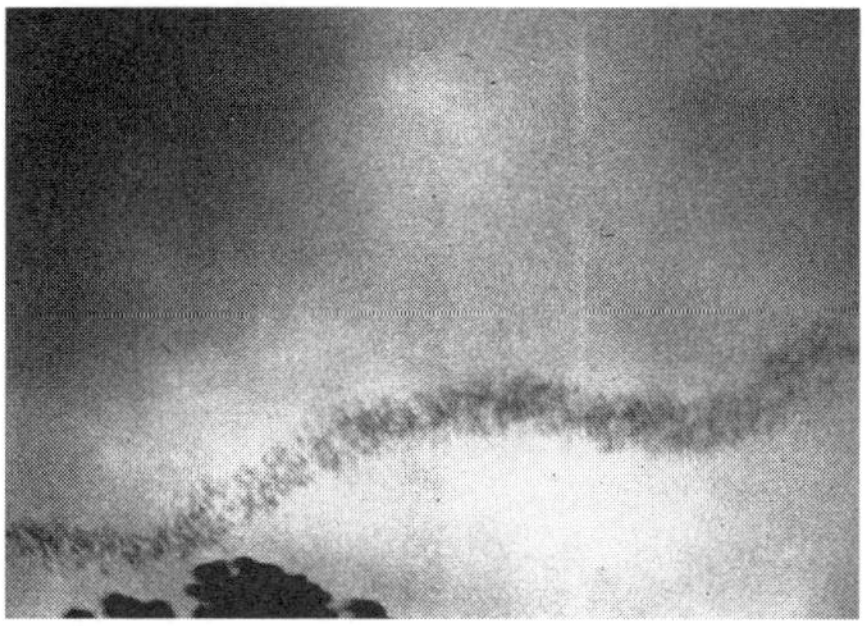
3-4 ドラゴン・フライ（Dragon fly）（サラワク、ミリ郊外、ムル国立公園）

　ミャンマーの林業統計の中にグアノをみつけたとき、コウモリの糞だと直感した。ミャンマーへ行ったとき確かめたら、国有林内にある洞窟からグアノを採取するのに税金が掛けられ、それが森林からの収入になっていると聞いた。しかし化石ではない、生の糞である。鼻をつまみながらの作業なのだろうと想像した。
　洞窟から飛びだすのは比較的小型の食虫性のコウモリだけで、果実食性のオオコウモリ（ミクイコウモリ）は森林内の樹木にぶら下がり、洞窟には入らないようだ。飛びだしたコウモリ、すぐ近くの森林へ散らばればいいのに、ドラゴンとなって空高く、広がったり縮んだり、大きく揺らぎながら遠くまで飛んでいく。広く散らばる方が食べものの昆虫が得やすいということだろうか。それでも朝までには同じ洞窟へ戻っている。どのくらいまで広がるのか気になって自分で調べたくなる。
　ツバメの巣（バードネスト）、コウモリの糞（グアノ）まで森林産物になるのである。森林から多様な産物が得られること、地域ごとで大きくちがうことに納得した。

4 タウンヤ法での熱帯造林

タウンヤ法とは

一九八〇年代当初、熱帯林研究のテーマに当時でてきたばかりの「アグロフォレストリー（Agroforestry）」を選んだ。アグロフォレストリーとはどんなものか、熱帯林の維持・再生にどのように有効なのかを知りたいと思ったのである。中でもタウンヤ法に興味をもった。タウンヤ（Taungya）法、あるいはトゥンパンサリ（ツンパンサリ）（Tumpangsari）という言葉にはなじみがないだろうが、熱帯造林を学んだ者ならこの言葉は誰もが知っている。

タウンヤ法とはビルマ（ミャンマー）語でTaungとは丘陵地、Yaは耕作を意味し、もともと「焼畑耕作」を指す言葉である。適当な和訳はなく、「タウンヤ」として使っている。ときに、タウンギヤとしたものがあるが、発音からもタウンヤの方が適当であろう。トゥンパンサリはインドネシア語で重ねるという意味で、タウンヤと同義語である。

基本的には樹木の植栽（播種）と同時に、あるいはその直後から樹冠が閉鎖し照度不足で作物の生長減退・収量低下が起るまでの期間、植栽した樹木の列間で、主としてオカボ（陸稲）、トウモロコシ、マメ類などの一年生作物を栽培する方法である。樹冠閉鎖後は樹木の保育のみを行い、最終的には森林を仕立てるもので、アグロフォレストリーの中でも森林（林業）にウエイトをおくものである。

4-1 タウンヤ法による造林（チークの列間でのオカボ（陸稲）栽培）（タイ、カンチャナブリ）

ミャンマーでのチーク造林は一八四〇年代には始まっていたが、チークの植栽と同時に、オカボなど作物栽培を組み合わせ造林経費を節約する方法が一八五六年あるいは一八六九年に、ドイツ人森林官ブランディス（D. Brandis）によって実行されたとされる。二〇〇一年一二月、バゴヨマ山地の西側にあるこの最初のタウンヤ法によるチーク植栽地を訪ねた。立派なチーク林であった。この方法は以降、インド、タイ、インドネシアなど東南アジアを主に、アフリカにも導入された。

焼畑移動耕作（Shifting cultivation）もアグロフォレストリーに含めるが、両者のちがいは焼畑移動耕作が農業生産を主目的とし、休閑期は養分蓄積期間として、この間に生育した樹木は木材として利用せず、火入れをしてすべてを燃やしてしまう。一方、タウンヤ法では植栽初期の数年間、耕作を許すとしても、できるだけ早く林冠を閉鎖させ森林造成を図る、林業・森林造成が主目的であることだ。

4-2 インドネシアのトゥンパンサリ（チークにギンネムを列植えする）（インドネシア、ジャワ島中部）

タウンヤ法の長所・利点として、植栽当初、林内耕作で農作物生産ができ除草経費が節約できる、生育の早い農作物が植栽樹木の日照を和らげ雨から守る。地表の作物は水分蒸発を防ぎ保水・窒素固定ができる、といったことがあげられる。樹木と作物双方の生育がよくなり収量も増えるといった補完的関係も期待できる。

北タイではチークにオカボ（陸稲）

タイでは、一九六七年にタイ森林産業機構（ＦＩＯ）が森林再生のため、一〇〇家族を基本とする森林村（Forest village）を全国に四、五〇〇ヵ所もつくるという計画があった。村には学校や寺院を建て、夕方だけ自家発電の電気を供給し、小さなダムをつくって水道を通す、病気の時は治療を受けさせるといったことで入植者を募集していた。しかし、その背景をまず理解する必要がある。すなわち、そこには熱帯地域での森林減少、人口増加による食糧不足、生活環境の悪化がある。森林村の目的も、①焼畑農民を定着させ不法伐採を止めさせる、②都市への人口集中の防止、③地方での教育・衛生の確保、生活レベルの向上、④食糧・換金作物の栽培、食料増産、⑤コミュニティの確立、そして⑥森林の再生、があげられていた。

契約ではまず一・六haの入植地を与えられ、ここで三年間耕作が許される。土地は一年ごとに与えられるので三年経てば四・八haの耕作地をもてる。チークの苗が与えられこれを植える。タウンヤ法でのチークの植栽間隔はもともと四m×四mであったが、これでは耕作には不利とかで二m×八mに変更されていた。チークの伐期は四〇年。七〇％以上の苗木活着率で報奨金がでる。ともかく、土地を持たないものでも入植すれば耕作が許され収入が得られるという仕組みである。このタウンヤ法の実際を知るため、一九八四年、まずタイへ行くことにした。

タイでも南部マレー半島では雨が多く、東北部・北部は雨が少ない。気象条件がちがうのだから、植栽する樹木と栽培される作物の組み合わせは当然ちがう。当時、四二の森林村があったが、そのうちの二〇くらいを訪ねた。組み合わせは北部ではチークにオカボ、乾燥のきびしい東北部ではユーカリにキャッサバ、ミャンマーに近い西部ではユーカリ・タイワンセンダンにトウモロコシ・モロコシ、南部ではパラゴム・モクマオウにコーヒー・カシューナッツの組み合わせであった。樹木と作物の組み合わせは気象・土壌条件などとともに、市場の有無、個々の農民の経験、あるいは好みといったことでもちがうが、タイ森林産業機構の指導も大きく効いていた。

樹木と作物の競合・国と耕作者の葛藤

しかし、タウンヤ法にも問題のあることに気付いた。樹木と作物がお互いに助け合う補完的関係だといったが、樹木と作物は光、水分、養分をとりあう。背の高いトウモロコシなどは小さなチークへの光を奪う。競争関係があって当然であろう。この関係は樹木と作物の競争だけでなく、国（森林産業機構）と入植した耕作者との葛藤でもある。樹冠（林冠）が閉鎖していないと降雨は地面を直接叩き、土壌が流出する。早期の閉鎖は降雨による土壌流出を抑え、チガヤなどの草本の繁茂を抑え野火の侵入を防ぐ。国とでしてはできるだけ早く樹冠を閉鎖させ、森林を再生させ、次の荒廃地での造林にとりかかり、森林面積を拡大したい。

ところが、入植者は与えられた土地での地拵え・除草がたいへんなので、できるだけ長く、それもできるだけ広く耕作したい。つまり、樹木の植栽本数を少なくし、

4-3 Brandisによる最初のチーク造林地（ミャンマー、バゴヨマ）

三年の期限を外して欲しい。ということは、国の意向とはまったく逆だ。両者の鋭い対立があり、共存させることのむつかしさを知った。

一九九〇年八月、横浜での第五回国際生態学会(INTECOL)で、アメリカ、ジョージア大学のジョルダン（C. F. Jordan）教授とともに「東南アジアのタウンヤ法」のシンポジウムを企画し、インド、ネパール、フィリピン、タイ、インドネシアなど東南アジア各国から研究者を招へいした。その講演を編集し、一九九二年ロンドンのC.A.B. Internationalから単行本として出版することができた。各国で実行されるタウンヤ法の実際と、その利点・欠点が報告され、さらに、これを改善しての熱帯造林の一つの方法としてのタウンヤ法の有効性を示すことができた。

5 ミャンマーのタナカ

タナカとは

私の初めての東南アジアの森林調査は一九六三年十一月から一九六四年二月までのタイである。神戸からイギリス船籍の貨物船奉天号に乗って一五日かかった。二〇一九年四月、孫とのシンガポール植物園訪問が私の一二五回目の海外渡航になったが、そのほとんどは東南アジアの森林調査であった。しかし、ミャンマー（ビルマ）へ行ったのは、やっと一九九六年のこと、国際協力機構（JICA）が活動を支援しているミャンマー中央林業開発訓練センターの巡回指導が初めてであった。その後、ミャンマーで始まった国際緑化推進センターの五年間のモデルフォレスト活動支援プロジェクトなどで訪問の機会は急に多くなり、これまでに一〇回訪れている。

初めてのミャンマーで驚いたのが、女性のほとんどが顔にタナカ（Thanakha）という白いお化粧をしていることであった。これが樹木の粉だと聞き、これは重要な「非木材林産物」ではないかと興味をもった。

一般的なファンデーションは肌色で、化粧をしていることが目立たないようにするが、タナカは「塗っていますよ」とはっきりみせている。写真を撮りたかったので「写真撮ってもいい（ダボンヤレ）」というミャンマー語を覚え、カメラを向けてはこの言葉を繰り返した。ほとんどの場合、断られることはなかった。

タナカの塗り方はさまざまだ。基本は頰から耳へ引っ張るのだが、顔全体に塗っている人、頰に丸くあるいは四角く塗っている人、額や頰に線状に模様を描いている人、丸三つや三重丸など、同じ模様は二人といない。左右非対称に塗っている人もいた。顔だけでなく、頸や腕などにも塗っている。女性だけといったが、小さな男の子も塗っている。

それだけにデパートの化粧品売り場、雑貨屋、路地など、タナカはどこにでも売っている。原木、パウダーにして小袋に分けたもの、固形石鹸のように固めたもの、化粧箱に入ったもの、缶に入ったペースト状のものなど、さまざまなかたちがあり、いくつものブランドがある。化粧箱入りは一個が一五チャット（当時一チャットは一円）、固形石鹸状のものは一〇個が六チャットと安いが、品質に大きな差があるということだろう。

タナカはゲッキツではない

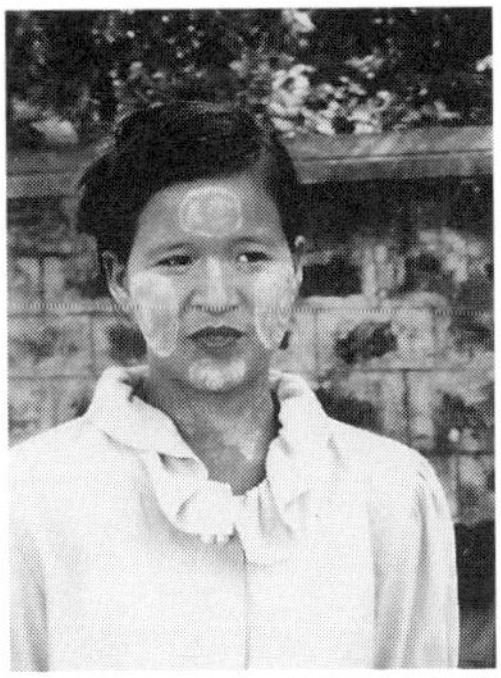
5-1 タナカでお化粧した女性

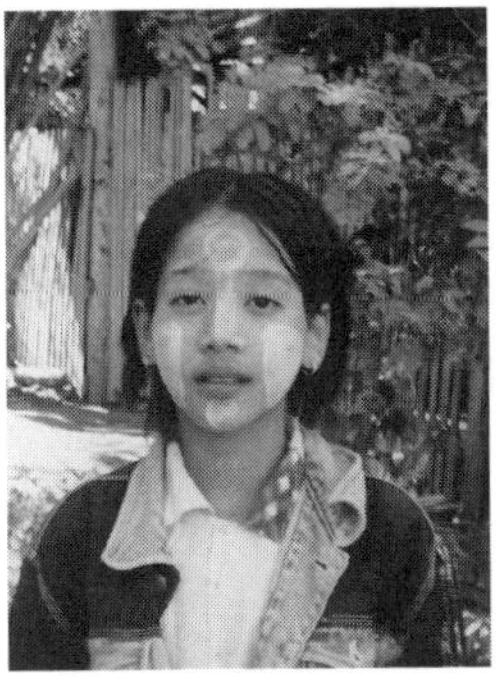
5-2 お化粧は多様

有名なヤンゴンのシュエダゴンパゴダやバガンのシュエジゴンパゴダなど、たくさんのパゴダ（仏舎利塔）へお参りしたが、どこのパゴダでも、靴を脱いで歩く長い参道の両側に長さ一〇cm、直径五cmくらいのもの、長さ七〇cmにもなる長いものなど、いろいろなサイズのタナカの原木が山積みにされ売られていた。タナカのそばには石の丸い硯のようなものが一緒に売られている。これでタナカをすり潰し少し水を加え、それを塗るらしい。硯にもいろんなサイズがある。小さいものは携帯用・旅行用だというが、持ち歩くには少々重い。原木だけでなくもちろん、パウダーやペーストもある。神聖なパゴダの中で化粧品がたくさん売られているのである。

NHK取材班『ビルマからの報告』（日本放送出版協会一九八五）によると、タナカはゲッキツ（月橘）（*Murraya paniculata*）としていて、その後のミャンマーのガイドブックもほとんどがこれをゲッキツとしている。ゲッキツは低木で小さな赤い実がつき、鉢植えが喫茶店などでもおかれ

5-3 タナカの葉

ている。一方、タナカの葉は三対の奇数羽状複葉、一見したところカラタチに似ていて、枝には大きな刺がある。まちがいなくゲツキツではない。樹高は一〇m、直径一〇cm近いものもあった。突き止めたタナカの学名はミカン科の*Hesperethusas crenulata*（*Limonia acidissima* などの学名も使われている）といい、果実はミカンに似た一～一・五cmの球形、苦みがきついが酸味料としても使われるとされる。分布はインドから東南アジアで、タイではクラチャクと呼ばれているものだ。ミャンマーには野生の基本型と栽培の二品種があるとされる。

5-4 タナカの原木

タナカ林の造成

日本ではあまり知られていないタナカだが、これだけの量がミャンマー全土で毎日大量に使われているのだから、ミャンマー全体ではその生産量・消費量は相当なものになるにちがいない。入手したミャンマー林業省発行の林業統計には、森林産物の中にチークと並んでタナカが堂々と入っている。生産量は一九九三～一九九六年には一年間で五七一～七八七トンとなっていたが、私がみた多くは家屋周辺に数本あるもの、あるいは村落周辺にある小面積のプランテーションであった。

これらは自家用や村落周辺で売られるだけで、おそらく全国統計には含まれていないだろう。実際の生産量・消費量はもっと多いはずだ。いずれにしろ、タナカがミャンマーでは重要な林産物であること、最近になってもその生産量が増加していることがわかった。

これだけの消費量があるということは、それだけ生産・供給するタナカ林が必要であり、実際にそれだけの林があるということだ。学生への講義で、タナカでのお化粧のスライドをみせ、「買いこんできたタナカを提供するから、このタナカで化粧し京都・河原町通りを歩いて、日本でタナカブームを引き起こして欲しい。そうしたら、タナカ生産のためミャンマーの森林造成ができる」といったのだが、誰も手を挙げてくれなかった。

タナカのことを化粧品メーカーが知らないはずはないと思っていたら、中堅のT化粧品がコンタクトしてきた。集めていたサンプルを提供し、効果がどんなものか期待していたのだが、実験室でのテストの結果「UVカットの効果が少ない」と返事してきた。日本で売りだす気はどうもないらしい。ミャンマーからの女子留学生と話をしていたとき、日本の有名化粧品のケースをとりだしたのでみてみると、中身はタナカのペーストだった。

日本や世界市場を目指さなくてもいい、ミャンマーでの需要に合わせ安定供給すればいいのである。ミャンマーではタナカの消費がタナカの森林をつくり、そのことで地域住民の生活向上にも貢献している。

5-5 タナカ林

5-6 パゴダの中で売られるタナカ（バガン、シュエジゴンパゴダ）

6 アフリカ南部マラウィのバオバブジュース

バオバブノキ

アフリカ南部にあるマラウィへは、国際協力機構（JICA）のアグロフェレストリー支援で、マラウィ湖に注ぐ「シレ河中流域森林復旧・村落振興モデル実証調査プロジェクト」（二〇〇一～二〇〇四）のため、これまでに三度訪れている。香港かシンガポールから南アフリカ、ヨハネスブルグ経由でマラウィの首都リロングエへ飛び、ここから国内線で目的地の旧都ブランタイアへ移動するという長い旅になった。

アフリカ第三の大湖マラウィ湖の西側、探検家リビングストンが好んで滞在したというリビングストニア周辺には、たくさんの大きなバオバブノキがあった。国道わきにも大きなものが立っている。車で走っていても、前方に大きなものがみえるとつい「ストップ」と叫んでしまう。ともかく樹形がさまざまなのである。葉を着けたものもあるし、葉を落し根っこを引き抜き逆さに立てたようなものもある。花を着けているもの、実をぶら下げているものもあった。バオバブはマラウィの国語(Chichewa語）でマランベ（Malambe）といった。

6-1 バオバブノキ（マラウィ、リビングストニア）

湯浅浩史『マダガスカル異端植物紀行』（日経サイエンス社 1995）によれば、バオバブノキはアフリカ大陸には一種のみ、マダガスカルに七～八種、オーストラリアに一～二種あるとされる。私がみたものは、すべてアフリカバオバブ（*Adansonia digitata*）ということらしい。このアフリカ行きの前にオーストラリアの北部ダーウィンへ行ったのだが、ここにもバオバブノキがあった。バオバブノキはアフリカのもの、これは植栽したものだと思い込み、写真も撮らなかった。当時、オーストラリアにもバオバブノキがあることを知らなかったのである。

かつてアフリカとオーストラリアがくっついていた証拠だったのだ。なお、世界最大の樹木は南アフリカ共和国の北東部、ジンバブエとの国境近くのリンポポ州にあるアフリカバオバブで周囲四五・三mとされている。

バオバブノキの果実

マラウィの国道わきのあちこちでバオバブノキの実を売っていた。大きさ一〇～一五cmの膨らんだ紡錘形、カカオの実を太くしたようなもので、表面を黄色の薄い毛が覆っている。果皮は堅いが、割ると中に白いパルプ質の果肉をつけたたくさんの種子がたくさん入っている。この果肉は甘酸っぱく、食べられる。溶かしてジュースにもする。堅い果皮は容器などに使うという。

マラウィ湖畔の市場でのこと。売られている魚を撮ったらいきなりどなられお金を要求されたので、ちょっと躊躇しながら積まれているバオバブノキの実にカメラを向けたら、「食べてみろ」と、割ったものをくれた。パルプ質の果肉をしゃぶるのだが、結構酸っぱい。ここでは大小とりまぜて四～六個の一山が二〇Kw（クワチャ。二〇〇二年六月当時、日本円で約三〇円）だった。田舎だけのことかと思っていたが、首都リロングェの市場にもたくさん売られていた。ここでは大きなものが一個一〇Kw、小さいものが八Kwだった。だいぶ高くなっている。

バオバブのジュースもあると聞いたので、コンビニやレストランでも注意していたのだが、みつからない。聞くと、カムワンバ（Kam'm Wanba）という町にバオバブジュース工場があるという。

6-2 売られるバオバブの実

二〇〇四年九月、車をチャーターし、ブランタイアからリロングエへ陸路四〇〇㎞を一人で帰ることになったのだが、道中にはよく強盗団がでるという。カムワンバはその途中にある。ブランタイアから約一時間、シレ河の大きな橋梁を渡りカムワンバに入った。しかし、道路わきに数軒がかたまっているだけで、それらしい工場などみあたらず、あっという間に町を通り過ぎてしまった。引き返してもらい、場所を尋ね、国道から細い道を入ると、「Wildlife Society of Malawi」の看板があった。ここでバオバブジュースを製造・販売していた。

はやるかバオバブジュース

突然の訪問だったのだが、生産工程をみせてくれた。倉庫には原材料の大量のバオバブノキの実がストックされている。バオバブジュースの生産量は五〇〇㎖入りボトルで一日に三〇〇本、値段は一本四〇Kwである。ジュースは濃い黄色で、下の方に沈殿物が沈んでいる。浮遊物・沈殿物のないドリンクになれた私にはちょっと気になった。冷蔵ケースはないので冷えてはいないが、味見をしてみるとジュースにしてはちょっと酸っぱい。

ボトルのラベルには「カムワンバのローカル・プロダクツ、ビタミンC、カルシウム、鉄分が含まれ、妊婦や子どもの肉体的・精神的ストレスに有効」と書いてある。しかしこのジュース、先にも述べたようにコンビニやレストランにはおかれていない。

6-3 バオバブジュース

この地域にたくさんあるバオバブノキの果実をジュースに加工し、それで村興しをするのはいいアイデアだ。アラスカにはBirch Syrup（白樺シロップ）、日本でも北海道に森の雫（白樺ドリンク）といったものがある。どちらもシラカバの樹液そのものである。バオバブジュースも日本まで持ってくれば自然食品・健康食品ブームの中、「巨木のパワーをもらえる」と意外にはやるかも知れない。

バオバブジュース製造工場を目指して、信頼できる車と運転手を探し、強盗団が出るという陸路四〇〇kmの一人旅をした私の気持ちも若いものだった。調査期間中、四輪駆動車を運転手付きでチャーターしていたのだが、ある夕方、外食にでかけた。運転手にはチップを渡し二時間後に戻るようにいっておいた。ところが約束の時間を過ぎても戻ってこない。仕方なく白タクを探しホテルに帰った。後で聞くと、運転手がコンビニからでてきたところで強盗団に襲われ、拉致されて隣国モザンビークに連れて行かれ、大怪我をさせられた上、放り出されていたのである。車はどこかへ消えた。私が事件を知ったのは翌日の朝で、現場はみていない。治安はきわめて悪かったのである。そのとき私は退職後の六五歳であった。しかし、あのバオバブジュースでもらったパワーは今も残っている。

6-4 バオバブノキの巨木（マラウィ、ブランタイア）

1▼しゃべる樹木　ポホン・ベルビチャラ

インドネシア、ジャカルタのゴゴット・スブロト地区にインドネシア林業省がある。大きな森林面積をもち、木材製品輸出でインドネシアの経済に大きく貢献しているだけに、建物もひときわ大きく、側面に林業省のマークがついている。この林業省の中に森林博物館がある。残念ながら展示にはもう一工夫いるが、インドネシアならではという展示がある。ここをはじめて訪れたとき、興味をもった樹木がある。一本の大きな木に「ポホン・ベルビチャラ」と書かれていた。「ポホン」は樹木「ベルビチャラ」はしゃべれる・話せるという意味。「しゃべる木・話をする木」ということだ。

インドネシアには樹木の種類も多い。そのたくさんの樹木の中に、しゃべる木・話ができる木があってもおかしくないと思ったのである。しかし、どんなふうにしゃべるのだろう、木がこすれたときに音をだすのだろうか、伐るときに音をだすのだろうか、インドネシア語だろうか、とあれこれ想像した。

熱帯の樹木はどれも背が高く、手を伸ばしても簡単には葉はとれない。樹木調査の際、根元近くに落ちている葉が頼りである。ブタオザルを調教し、樹冠の葉を取ってもらう植物学者さえいる。鉈で少し樹皮をはつってみることも判定のいい方法になる。どんな色か、どんな樹脂や粘液がでてくるかなど、それぞれに特徴がある。このときシーッと低い音がすることがある。木が「伐らないで」と訴えているようでもある。しかし、チェンソーがうなりをあげていては、この叫びも聞こえない。

ポホン・ベルビチャラ（インドネシア、ジャカルタ）

本題に戻ろう。森林博物館のしゃべる木、どうみても大きなチークだ。ビジターは少なく静かなのだが、目の前に立っても何もいわない。気になって、入り口のガイドに「しゃべらないのか」と聞きにいったら、「テープが故障している」と夢を砕かれた。この木の前に立つとセンサーが感知し、森のことを何か説明してくれるらしいのである。

この博物館へは初めてインドネシアに来た学生を、かならず案内しているのだが、まだ一度もしゃべってくれない。聞いて欲しい話がたくさんあるに違いない。インドネシアの森の中に、本当にしゃべる木があるのではないかと今でも思っている。

こぼれ話

2▼淡水のフグ

マレーシア、ネグリセンビラン州のパソー森林保護区での土壌動物調査のため、クアラピラに滞在していた1974年2月のこと、マレー半島の東海岸に注ぐパハン川の最上流にある大きなベラ湖（タセック・ベラ）へ、大阪教育大学教授の水野寿彦先生の調査に運転手として同行したことがある。

オラン・アスリと呼ばれる原住民のセメライ族のカヌー2艘に乗り、1泊2日のベラ湖探検にでかけた。夜は野宿だ。乾季と雨季で水深は6mも変動するというが、浅い湖で、いわゆるブラックウオーター、黒褐色で底はみえない。角と角の間が1mもある怪獣が棲む伝説があるという。それよりも、私にはこの湖にタニシやカワニナなど貝類がまったくいないことが不思議だった。水に含まれるカルシウムがきわめて少なく、殻がつくれないというのだ。

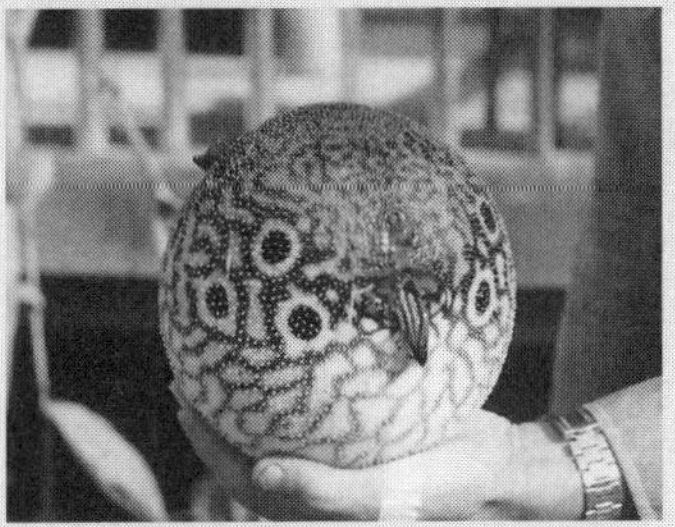

ベラ湖の大きなフグ

しかし、魚は多いらしく、セメライ族も針に餌をつけ、夜に沈めておき朝引き上げにいく「夜づけ」をよくしていた。大きなナマズやライギョが、ある朝はスッポンがかかっていた。クアラピラでの調査期間中、私たちはベラ湖畔にあった小屋（ベラ湖荘）へ泊っていたのだが、冷蔵庫はない。野菜や肉などは数日でなくなる。蛋白源補給のため、私たちも夜づけをしたのだが、餌はタイガーバーブ（スマトラ）（*Probarbus sp.*）であった。簡単にとれるから、ということなのだが、日本なら熱帯魚屋で売られている魚だ。ゴリやミミズの餌ならなれてはいたものの、タイガーバーブに針を通すときは、金魚に針を刺しているようで、ちょっと手がにぶった。

ある日の早朝、私たちが夜づけの成果を確かめに湖にでると、セメライ族が獲物をぶら下げて帰るところだった。その中の一人が、お腹をパンパンに膨らませたフグをもっている。蛇の目模様のはっきりしたテトラオドン・パレンバンエンシス（*Traodon palembangensis*）というきれいなフグだ。海からずっと離れた湖での大きなフグの出現にはびっくりした。毒はないのかと聞くと、淡水のフグには毒はないという。丸焼きか、カレーにして食べられるのだろうが、フグ刺しか、フグちりで味見をしてみたかった。

7 中国の虫糞茶

虫糞茶を探す

お茶はもともと薬である。チャ以外にも、ササ、グアバ、ドクダミなど、いろんなものがお茶として飲まれている。最近では一六茶とか、二四茶とか、たくさんの原料を混ぜたものもある。たくさん混ぜればいいというものでもないだろうが、お茶の世界は広く深い。

中国に虫糞茶というものがある。チャにはチャドクガをはじめシャクトリムシ・ケムシなどいろんな虫がつく。これらはみなチャの新芽・新葉をねらってでてくる。虫にとっても新茶がおいしいらしい。しかし新茶は人間も欲しい。虫と新茶を取り合って、殺虫剤をかけることになる。新茶がでてきたときにかけないといけないのだから、どうしても農薬が残ってしまう。基本的には大きな茶園での無農薬茶の生産はむつかしいそうだ。結局、収穫直前でなく、少し前にかけ、農薬の残留を減らす。「低農薬茶」と書かれている理由である。

シャクトリムシ・ケムシにチャの葉を好き勝手に食べさせ、チャの下にトラップをおき、その糞を集めたら、それはチャだけを食べたもの、それも完全無農薬のお茶になる。抹茶ほど細かな粉末にはなっていないが、お湯を注いだらいい香りと味がでてきそうな気がする。汚いと思うかも知れないが、抹茶アイスやグリーンガムはカイコの糞（蚕糞）を入れ、着色しているとされる。

虫糞茶のことを知ったのは安松京三『昆虫物語　昆虫と人生』（新思潮社 1965）で、その中にタイ、バンコクのカセツァート大学の昆虫学教室で「大きなナナフシをグアバの葉で飼っていて、その糞を集め、お茶として飲む」と書いてあった。タイへは森林調査のため何度もでかけることになるのだが、これに出くわすことはなかった。その後、周達生『食文化からみた東アジア』（日本放送出版協会 1988）の中で、広東省の英徳というところで虫糞茶がつくられているというのをみつけたが、どんな虫なのかといった詳細な記述はなかった。さらに、周達生『中国茶の世界』（保育社 1994）で中国の多様な茶を紹介し、「虫茶（虫屎茶）は化香樹の葉を食べる蛾の幼虫の糞である」と具体的に種名が示された。虫はチャを食べるものではないらしいとわかった。

ノグルミとソトウスグロアツバ

一九八九年一一月、中国、海南島と雲南省西双版納タイ族自治区へ森林調査に行った。同行してくれた昆明生態学研究所の研究員とともに、村を訪れるたびに「蟲糞茶」と書いたメモをみせて歩いたが、どこからも反応はなかった。

7-1 化香夜蛾（ソトウスグロアツバ）

一九九七年四月のこと、雲南省昆明にある林業科学院資源昆虫研究所の陳曉鳴さんが、私たちが調べているインド・東南アジアでのラックカイガラムシ・ラックのことを聞きたいと、京都まで来られた。このとき、雲南省へ行って虫糞茶を捜したがみつからなかったと話したら、「それ、私が研究しています」という意外な展開になった。昆明まで行ったのに資源昆虫研究所のあることを知らなかったのである。

まもなく、陳さんから論文「林副特産 虫茶」の別刷りと虫糞茶のサンプルが届いた。虫糞茶とは化香樹の葉を食べる化香夜蛾の糞だとわかった。化香樹とはクルミ科のノグルミのことで、これは近畿地方にもある。化香夜蛾とはソトウスグロアツバ（ソトウスモンアツバ）(*Hyrillodes morosa*) であることがわかった。

翅を広げると二㎝の地味な小さな蛾で、日本でも宮城・秋田を北限に本州、四国、九州に広く分布する。日本・中国だけでなく、スリランカ、インドからボルネオ、パプアニューギニア、北はウスリーまで、アジア大陸東部に広く分布するとされる。蛾類図鑑ではこの蛾の特定の食草をあげておらず、「幼虫は枯葉を食べる、与えれば生の葉も食う」としている。

さて、虫糞茶の製造方法である。先の論文によれば、六～七月にノグルミの枝葉をたくさん刈り取ってきて、小屋か家屋の二階（多分、屋根裏部屋）にタケ製のむしろを敷き、その上にこの枝葉を高さ五〇～七〇㎝にも積み上げる。タケ製のかごに葉を詰めることもある。これにお米のとぎ汁をかけて放置する。一～二日でノグルミの葉は発酵を始め、いい香りがただよう。これに誘引され、ソトウスグロアツバが飛んできて、ここで交尾・産卵する。夜行性で飛来は夜の八～九時に最高になるという。

孵化した幼虫はこの枯れて発酵した葉を食べて生長する。葉が乾燥したらとぎ汁をかけ、また新しい葉をつけ加える。特別な管理はいらないようだ。ここでは年三回の発生、幼虫は五～七令、産卵数は三〇～四〇個、最大八〇個だったという。虫糞の収穫は毎年一一～一二月で、扇風機などで虫糞を選り分ける。一〇〇kgのノグルミの葉を与えて最大四〇kgの虫糞が採れる。六～七月に葉を積み上げたのだから、それから放置したとなると二～三世代の蛾がここで発生したことになるし、この蛾を食べる捕食性の昆虫など、ほかの虫の糞も混じっているにちがいない。

虫糞茶の味

さて、その味だが、虫糞茶はお茶よりビタミン・ミネラルを含んでいるので、「清涼去暑」すなわち、「清涼飲料水」として、あるいは清熱、去暑、解毒、消化に効果がある、タンニンを含むので収斂材として鼻血、歯からの出血・止血に効果がある、と述べられている。送ってもらった虫糞茶は本当に細かい粒である。色は真っ黒だ。学生とのお茶の時間に「中国から珍しいお茶を送ってもらった」と、先に味見をしてもらった。「これ漢方薬ですか、まずいなあ」という。「高いお茶だぞ」といいながら、私も口にしてみた。とても「乙な味」とはいえなかった。濃すぎたようだ。それにかび臭い。枯れた葉を食べた蛾の糞を何ヵ月もほうっておいたのだ、カビがはえていて当然だ。

7-2 虫糞茶

突きとめた虫糞茶の正体は、日本にもいる小さな蛾ソトウスグロアツバが刈り取ったノグルミの葉を食べ、だした糞だった。虫糞茶の研究は広西省中山という標高七〇〇～八〇〇ｍのところで行われている。ノグルミ以外にもオウレンボク（黄連木）、カギカズラ（鉤藤）、山茶なども与えるというし、化香夜蛾の他に米黒虫などもいるという。やはり、実際に飼育しているところ、虫糞茶を作っているところをみてみたい。その場所もわかっている。ＴＶのドキュメンタリー番組になるはずだ。どこかのテレビが同行を誘いに来ないかなと思っている。

7-3 ノグルミ

この珍しい虫糞茶の話を茶産地の京都の茶業関係者が集まった研究会で報告したことがある。虫糞茶のサンプルをみせたら、参加の各社が「少しずつ」といって、持って行ってしまった。ということで、手元には小さな瓶が一つ残っているだけだ。

最初に書いた通り、日本でチャの葉をシャクトリムシに勝手に食べさせ、その糞をトラップですぐに回収した純日本製の虫糞茶なら、無農薬でおまけに半分抹茶だ。これの方が絶対においしいと思う。どなたか挑戦しないものだろうか。味見は私がする。

8 タイ東北部の産米林

お米のとれる林

「産米林」とは文字通り「米のとれる森林」ということである。十分な陽を受けないと育たないイネと、枝葉でイネへの陽を遮る樹木が両立するはずがない。ところがである。タイ東北部へ行くと、水田の中にたくさんの樹木が立っている。密度の高いところでは、確かに森林の中、樹木の下でイネを育てている。これを産米林と名付けたのは京都大学東南アジア研究所の故高谷好一教授だ。

タイ東北部には、森林か水田の区別ができない地目、お米がとれる林がある。タイ東北部にある水田の多くはゆるい斜面に階段状に並んだ山腹田、それも天水田である。灌漑施設はなく雨を貯めるだけ、それだけに少しの傾斜地でも下の田んぼから田植えが始まる。どうしても水が抜け、下の田んぼから貯まっていくからである。ここでは一斉に田植えということはない。

一九六三年一一月、私の初めてのタイ森林調査ではナコンラチャシマ（コラート）から東北タイの中心コンケンまで、丸一日かかった。もちろん、土道の悪路であった。今なら二時間もあれば行ける。

8-1 田植え前の産米林（コンケン）

その当時、低いところには一部水田が拓かれていたが、畑地のほとんどには繊維植物のケナフが植えられ、落葉性のフタバガキの疎林が続いていた。当時、タイの森林率は六〇%といわれていた。現在では二〇%を切っている。いかに森林減少がはげしいかわかっていただけよう。実は産米林はこの森林減少と関係する。

産米林の管理、すなわち、なぜイネの生育を阻害する

8-2 稲刈り中の産米林

樹木を残すのか、それら残された樹木の利用・効用、イネと樹木の競合の緩和などを知りたいと思った。一九八六年六月から一二月まで京都大学東南アジア研究所バンコク連絡事務所駐在を命じられた。いい機会だと、滞在中の九月と一一月、この産米林を調べにコンケンへ行った。樹木があるといっても森林に比べればずっと少ない。それだけに水田に五〇m×一〇〇mといった大きなプロットを設定し、樹木・切株・シロアリのマウンド（蟻塚）の位置などを記録、その中にある樹種を確認、胸高直径・樹冠幅などを測定した。

立木密度は少ないところで三〇本、多いところでは一五〇本／ha、胸高断面合計は四〜一一㎡／ha、直径六二cmもの大きな樹木が残されていた。樹種はヤーン・プルアン（*Dipterocarpus tuberculatus*）などフタバガキ科の樹木を主に一六種。一部にはパルミラヤシ、アメリカネムノキなどもあった。大木を含む疎林ではあったが、遠くからみれば森林の景観を保っていた。残されている樹木はもともと水田など湿地を好むものではない。コンケンはタイで最も乾燥の厳しい地域である。この地域の植生は乾燥フタバガキ林、平均立木密度は四六八本／haとされているので、開田前の森林に比べれば小径木を主に、かなりの本数が間引かれていることがわかる。調査地周近は開田後、ほぼ二〇年という地域であった。

なぜ樹木を残すのか

最大の関心は、イネを育てる水田に樹木をなぜ残すのかということであった。耕作者になぜ残したのかをしつこく質問した。もっとも重要な理由は、燃料の採取であるという。落ちた枝を拾ったり、イネへの被陰を加減しての枝落しで薪にする。この地方でも森林の減少で薪炭の不足はきわめて深刻になっていた。

8-3 飛行機からからみた産米林（ブリラム）

他に、農作業の合間、あるいはウシ・スイギュウの休み場としての木影としての利用もある。マメ科の樹木の枝葉は牛・水牛の飼料になる。樹種によっては葉や花を食用、あるいは薬用・染料として利用する、シロアリのマウンドはスナトカゲやネズミの生息場所になり、また樹木にはツムギアリが巣をつくる。どちらも貴重な蛋白源である。ツムギアリの方は乾季になると市場でよく売られている。

樹木が畔に残されている場合、畔の保護にもなり、収穫したイネを干す稲掛・稲架（はざ）にも利用できる。ヤーン・プルアンの大きな葉は屋根葺きや包み紙代わりに使う。もちろん、大木は建築や家具・道具などに利用できる。落葉は水田への肥料にもなる。理由を聞いていると、残された樹木それぞれが用途をもっていることがわかった。その後、タイ東北部を広く回ってみたが、カンボジアに近いブリラムやウボンでは樹脂を採るヤンナー（*Dipterocarpus alatus*）が多いなど、地域ごとで構成樹種がちがうことを知った。

しかし、用途がはっきりしないものがいくつかある。しつこく聞いてやっとわかったのだが、その理由の一つが、樹木に精霊が宿るというある種のタブーである。仏教の神聖な樹木であるインドボダイジュ、同じクワ科の絞殺し樹（ストラングラー）と呼ばれるフィカス（イチジク）属の樹木、不幸を招くとの迷信のある樹木、さらには雷にうたれた樹木、あるいは特異な樹形をしたものなどは伐れない、伐らないという。

森林と稲作の微妙なバランス

森林を水田に換えた際、利用価値の高い樹木を残し、中小径木の多くを除去したはずである。水田の中に樹木の種子が発芽しても除去するだろうし、開田後の年数で本数は次第に少なくなっていったはずである。この水田の樹木には、土地利用の大きな問題がからんでいる。産米林のところどころに、営林署による「樹木の伐採禁止」「森林保護区」の立札があった。国有地で耕作者が不法に耕作しているということだ。樹木を伐採すれば拘束されるが、大きな樹木を伐採せず耕作している場合など、営林署も黙認、あるいはきびしい態度をとれないらしい。

この産米林を森林（林業）とイネ（農業）の結合、アグロフォレストリーの一つの形態だと報告・紹介したことがある。同じ土地からコメのほか樹木野菜やツムギアリなどの食料、薪炭、家畜の飼料、木材などが収穫できる。タイ東北部は雨量が少なく乾季の長いところである。雨季に入り田植えをしたものの、その後雨が降らずイネが立ち枯れしたり、収穫が皆無になったりする。実際、雨季になっても雨が降らず田植えを見送っているところがあった。水稲に頼るより畑作の方が多くの作目が選べ有利になると思われるのだが、水稲を選んでいる。水稲作ができなければ、森林として残す。森林と稲作を微妙なバランスの上で成立させていると感心したのだが、やはり両立はむつかしいのではとも思った。

8-4 開田直後の産米林

水田としての利用が認められ、灌漑が始まれば産米林の樹木は一挙になくなるだろう。それでも、水田の周囲に、現在でもユーカリやカマバアカシアなどを植えているのをみると、住民が稲作と樹木を両立させる知識をもっていると思えた。案外、うまいバランスで残るのかも知れない。

9 タイのタケとカオラム（竹筒飯）

悪名高いカンチャナブリ

一九六五年二月から四月まで、タケの研究で知られた京都大学名誉教授の上田弘一郎先生にＦＡＯ（国際連合食糧農業機関。本部ローマ）からタイの竹資源調査の依頼があった。そのサポートとして私と千葉喬三さん（のち岡山大学長）が海外技術協力事業団（現国際協力機構）の派遣専門家として同行することになった。当時、私たちは大学院生であった。対象地域は「戦場にかける橋」で有名になったクワイ河の上流域、ミャンマー（ビルマ）との国境地帯である。泰緬鉄道はタイ、カンチャナブリからミャンマーのモールメンまで連合国捕虜などを使って短期間に開通させ膨大な犠牲者を出し、悪名高いものになった。

カンチャナブリには日本軍鉄道隊によって建てられた慰霊塔もあるが、その数一万ともいわれる連合軍兵士の墓地もある。見渡す限りの墓石一つ一つに氏名、年齢、肉親の言葉などが刻まれていて日本人としては複雑な感情の奔るところであった。戦後二〇年経っていたが、遠くから墓参りに来た両親が息子の墓のまえで涙を流していた。

なお、一般にクワイ河と呼ばれているが、クワイとはタイ語で川のこと、本当はメナーム・メークロンといい、上流でクワイ・ノイとクワイ・ヤイに分かれる。泰緬鉄道はクワイ河沿いに走った。下流にはまだ鉄橋などが残っていて、現在、観光列車が運行されている。

9-1 パイ・ルアック（*Thyrsostachys saimensis*）（タイ、カンチャナブリ）

当時、メークロン河畔にタイ唯一の竹パルプからの製紙工場があり、ここに上流から大量の原木のタケが筏で運ばれていた。この河の上流地域にその面積八万ヘクタールといわれた純竹林地帯があった。調査の目的はここでのタケ資源量の調査・製紙工場への原木供給可能量を推定することであった。

トッケーの歓迎

タケはタイ語でマイ・パイというが、ここの主要なタケはパイ・ルアック（Pai Ruak）（*Thyrsostachys siamensis*）とパイ・パー（Pai Pah）（*Bambusa arundinacea*）。パイ・ルアックは大きいもので高さ六〜七m、胸高直径二〜四cmの比較的小さなタケ、パイ・パーは高さ一五〜一八m、直径五〜七cmの大きなものであった。日本のタケは単軸型といわれ地下茎についている芽が伸びタケノコ・稈になり、タケノコは一本ずつ離れてでてくる。ところが、このパイ・ルアックやパイ・パーなど東南アジアのタケは連軸型で、稈の基部から芽が伸び、タケノコは親竹のまわりにかたまってでる。すなわち、タケは株（クランプ）状になって生えている。

9-2 パイ・パー（*Bambusa arundinacea*）

調査のため、カンチャナブリからジープで約二時間走ったところにあるカオヒンラップに、上田先生とゴザ、毛布、一人用の蚊帳と当時発売されたばかりのインスタント・ラーメンなど、食料を仕入れて乗り込んだ。ラーメンは辛いタイ料理が苦手な上田先生用である。調査中の食事は村人が作ってくれるのだから、選ぶことができないし、辛いものが多かった。上田先生は毎日、ラーメンばかり食べておられた。王室林野局が、私たちが寝泊まりするために新しくチガヤ葺きの掘立小屋を建ててくれていた。最初の夜、天井の隙間からかすかにみえる星を眺めて寝た。次の朝、「雨が降ったらどうするのか」と聞いたら、「四月まで雨は降らない、心配ない」といわれた。長い乾季の最中だったのだ。調査にはタイ王室林野局から森林官二人が同行してくれていたが、二人ともいつでも撃てるようにピストルをお腹のベルトの下に入れていた。治安はよくなかったのである。

小屋はもちろん灯りなどない。この小屋には体長三〇cm、汚い青褐色に黄色または赤の斑点模様のある大きなヤモリ、トッケー（オオヤモリ）(*Gekko gecho*) が私たちより先に住みこんでいた。夜、これが大声でトッケー、トッケーと鳴く。上田先生に「夜、鳴いたのはこれですよ」と、眼の前にいる奴をみせたのだが、「ヤモリがあんな大声で鳴くかなあ、鳥ではないのか」と、信じてもらえない。「鳴け鳴け」といったのだが、眼を閉じたままだった。トッケーが鳴くこと、ついに先生に証明できなかった。

9-3 トッケー（オオヤモリ）

穴のあいていないタケ

パイ・ルアックの特徴は胸高くらいで切っても中に穴があいていないことだ。木のように中まで詰まっている。先の方ではあいているが、穴は小さい。肉が厚いということだ。重たくて釣竿には向かないだろうが、紙パルプ原料には適している。パイ・パーは下の方の枝には大きな鋭い棘がたくさんついている。これらのタケの面積当たりのクランプ数、一つのクランプのタケの本数、生きているものと枯れたものを区別してのタケの本数、胸高直径、長さなどを調べ、胸高直径と重量の関係式をつくり、タケの資源量を推定した。パイ・ルアックではクランプ数は少ないところで八〇〇、多いところで四、八〇〇／ha。生きているタケの本数は二〇、七〇〇～二七、四五〇本、枯れたまま立っているものが四、六〇〇～一〇、九五〇本、蓄積（現存量）は三三・四～一〇九・二t／ha。パイ・パーではクランプ数九〇〇、生きているタケ一〇、三〇〇、枯れたタケ二、四〇〇本、蓄積八八t／haと推定した。当年生のタケが確実に区別できれば、それが毎年の発生量、それとほぼ同量を収穫すればいいのだが、乾季の調査だったので、新旧の区別が明瞭にできなかった。ともかく、枯れた大量のタケが利用されず放置されていることを指摘し、枯れる前の利用を奨める報告書を提出した。実際の調査データからタケ資源量を示したのである。

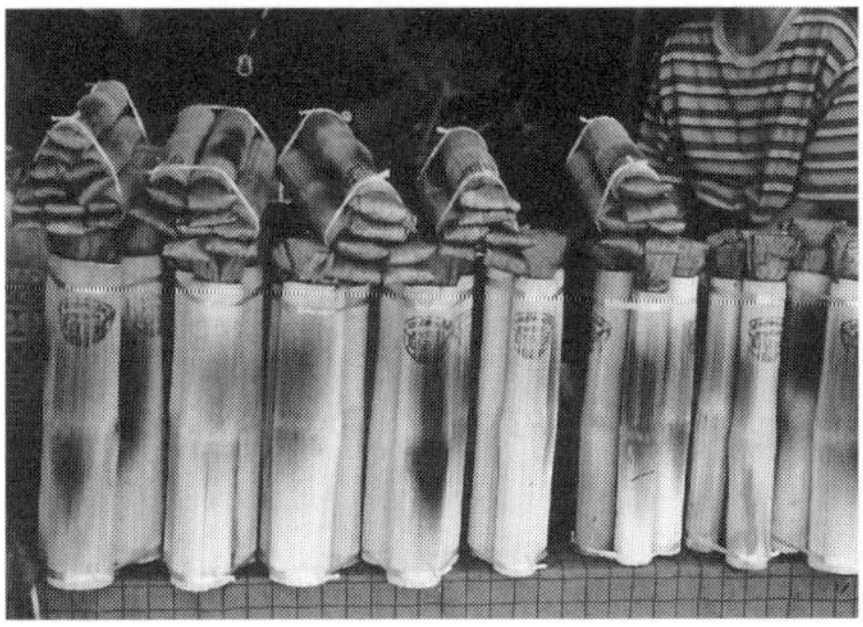
9-4 カオラム（竹筒飯）

おいしいカオラム（竹筒飯）

近くにわずかの民家がかたまった小さな村があった。夕方になるとそこへでかけ、タイ語の実習をした。この村ではカオラムと呼ばれる竹筒飯を作っていた、その手伝いをしたである。手伝うと何本か分けてくれるからだ。タケを切り節を底にして、中にもち米とヤシの実ジュースを入れて、口をヤシの繊維で塞ぎ、外側が焦げるまで蒸し焼きにしたものだ。焼けたタケを外側から削って一～二㎜ほどの薄い皮だけを残す。食べるときは手で簡単に剥ぐことができる。これはおいしかった。カオラムには中まで詰まっているパイ・ルアックは使えない。パイ・パーやそのほかのタケを使っていた。

竹筒で米を炊く料理はタイだけでなく東南アジアに広くある。ベトナムで「チャオラム」、カンボジアで「クローラン」、ミャンマーで「コムラム」、マレーシアで「ルマン」、フィリピンで「ティノボン」、台湾で「竹筒飯」などといっている。地域によって使うタケがちがう、太いもの細いもの、長いもの短いものがある。

日持ちもよく、携帯にも便利だ。車の中にも放り込んでおける。タイでは世界一高い仏塔（パゴダ）で有名なナコムパトムのカオラムがおいしいと有名だが、田舎へ行けばどこでもつくっている日常的な食べものだ。国道沿いや観光地でもこのカオラムを焼きながら売っている。買ってみると、節が中央にあることに気付く。もち米は半分しか入っていない、上げ底だった。

10 マレーシアのサゴヤシ

サゴヤシ・サゴパールとは

一九八一年一二月末のこと、二ヵ月のタイでの焼畑の調査から帰って来ると、京都大学東南アジア研究センターの高谷好一教授から、遅沢克也（現愛媛大学農学部教授）、梅本信也（現京都大学フィールド科学教育研究センター准教授）、矢野浩之（現京都大学生存圏研究所教授）さんなどによる、京都大学サゴヤシ研究会メンバーのマレーシアのサゴヤシ調査に同行してくれといわれた。当時彼らはまだ学部学生であった。出発は二月一日の予定で、準備期間はわずかだったが、行くことにした。

マレーシアには一九七二年一月と一九七四年一〜三月に滞在したことがあったので、水田近くや湿地にサゴヤシ（*Metroxylon sagus*）が立っているのはみていたし、デザート原料としてのサゴ・パールのことは知っていたが、サゴヤシ・プランテーション、サゴ澱粉を採っている現場はみたことがなかった。

サゴヤシの原産地はモルッカ諸島とされるが、マレー半島、フィリピン、ニューギニアなどに広く導入・栽培されている。高さ一二m、直径六〇㎝にもなり、一〇〜一五年で開花する。開花直前に伐採し幹の髄を掻きだし、溶け出し沈殿する澱粉を食用にしている。太平洋戦争中、飢えに苦しんだ日本軍がこのサゴ澱粉で生き延びたとされる。果実を利用するのでなく、樹幹の髄に蓄積された澱粉をとりだすのである。東南アジアにある広大な湿地にこのサゴヤシを植栽し、食料としての他、アルコールに転換し代替燃料としての利用が期待されている作物だ。

10-1 サゴヤシ（マレーシア、バトゥパハット）

目的地はバトゥパハット

出発までにサゴヤシ研究奨励基金の長戸公さん、神戸大学名誉教授の佐藤孝先生に会い、サゴヤシについてにわか勉強をした。サゴ澱粉の生産地の一つはマレー半島先端ジョホール州のバトゥパハット（Batu Pahat）だとわかった。ここまで行ければ、サゴヤシ・プランテーションにはお目にかかれはずだと、先の三人に私の研究室にいた修士課程の沖森泰行・吉村守さん、東京農工大学の大河内さん、それに近畿大学農学部の助教授だった奥村俊勝さんの八名ででかけることになった。

10-2 伐採されるサゴヤシ

クアラ・ルンプール到着後、森林研究所、マラヤ大学、マレーシア農科大学、マレーシア農業研究所などを積極的にまわった。当時マラヤ大学におられたStanton教授とホテル・マラヤで会うことができ、バトゥパハット農業事務所の担当官を紹介してもらった。これでサゴヤシ・プランテーションに確実にたどり着ける。クアラ・ルンプールからマラッカ経由でバトゥパハットに向かった。ここでは湿地の中に細い運河が張り巡らされていて、小さなボートに乗ってサゴヤシの伐採現場を廻る。サゴヤシの樹皮をまだらに剥いだ後、伐採し、玉切りする。これを数珠つなぎにして濁った運河をボートで加工場まで引っ張ってきて、それを水路に貯めている。不快な臭いがするが、水中に保存する方がいいのだろう。

せっかくきたのだから少しでもデータをとろうと、訪れた四つの村八ヵ所で樹幹のある大きなヤシ、まだ樹幹のない若いヤシ、そして根元周辺にでている吸枝（Sucker, Stolon）の面積当たりの本数を数え、その位置図・樹冠投影図をつくった。密なところでは樹幹をもったもの三七五本／ha、樹幹をもたないもの一、二五〇本、吸枝が五、三七五本／haあった。大きなサゴヤシのまわりから小さな吸枝をだし、これが生長するのである。一度植えれば、再度植える必要はない。

安宿で雑魚寝

ボルネオのサラワクやサバにも大きな湿地があり、ここでもサゴ澱粉を生産しているらしい。情報収集のためサラワク、サバに行くことになった。サラワクのクチンでは森林局、サバのツアランでは農業研究センター、サンダカンへ飛んで森林研究所にも行った。クチンからコタキナバルへは最終便が安いというのでこれに乗ったのだが、着いたのは夜の一一時過ぎ、ホテルも予約していない。タクシーをつかまえ、「安いホテル」といって連れていってもらい、沖森さん、吉村さんが、「部屋があいているか、いくらか」と聞いてくるまで、奥村さんと車の中で待つことになった。部屋は空いていたのだが、とったのは一部屋、私と奥村さんはベッドで、若者二人は床のコンクリートの上に寝た。お金もなかったが無茶なことをしていたものである。

サンダカンではセピロクのオランウータン保護センターへも行った。入口でバナナを持たされた。バナナをみると、オランウータンがしがみついてくる。怖くはないが、結構きつい締め付けである。跳びついてはこないので、ちょっと距離をあけて逃げることになる。沖森さんがオランウータンと同じように手を挙げて歩いている後ろをオランウータンが歩いている。どちらが真似をしたのかはわからない。立ち止まるとしがみついてくる。

オランウータン保護センターには二〇一三年一月、久しぶりに行ったが、定刻に給仕があり、集まるオランウータンを遠くからみるだけになっていた。抱きつかれて逃げ回ったなどというのも昔話である。

たくましくなった若者

出かけるときは八人だったが、梅本・矢野・大河内さんとはバトゥパハットで、遅沢さんとはクチンで、沖森さんとはコタキナバルで、吉村さんとはサンダカンで別れた。彼らがしたいように、というより、ほったらかしにしたのである。クチンで別れた遅沢さんなど三ヵ月過ぎても帰って来なかった。高谷教授に「どこへ行ってるのか知りません」というと、「そのうち帰ってくるでしょう」と落ち着いておられた。学生たちは初めての海外旅行である。すべてが新鮮であったはずだ。私自身、初めてのタイへの調査の帰路は、一人でカンボジア（プノンペン）、ベトナム（ホーチミン、サイゴン）、ホンコン、台北を廻って帰ってきたものだ。

バトゥパハットの市場には果物もランブータン、マンゴスチン、ポメロー（ザボン）などいろんなものがあった。夕食後、市場でそれらを大量に買ってきてホテルで食べたのだが、大人数の食べ盛り、あっという間になくなってしまう。バナナにもいろんな品種がある。ピサン・タンドックというウシの角のように大きなバナナがあったので、増量のためそれも混ぜておいた。ところが、これだけが残されている。「渋くて食べられませんよ」という。私も食べてみたのだが、おいしくない。料理用のバナナだったのである。英語では生食できるものをバナナ、煮る焼く揚げるなどする料理用のものをプランティンと区別すると知ったのもその後のことだ。コンビニなどで売られているバナナチップスもプランティンを揚げたものだ。

10-3 オランウータンに追われる（サバ、サンダカン）

東南アジアのスーパーマーケットや市場に直径五㎜ほどの球形のサゴパールが売られている。ピンク色に着色していることもある。茹でると半透明になるが、それが冷したココナッツジュースや氷水に入っている。デザートとしてよくでてくる。しかし、現在売られているものは本当のサゴ澱粉でなく、タピオカ（キャッサバ）澱粉だとも聞いた。片栗粉といいながら、カタクリでなく、馬鈴薯澱粉であるのと同じことなのだろう。

11 ラック（シェラック）とラックカイガラムシ

アメリカネムノキ（レイン・ツリー）

タイ北部のランパンの村落周辺にはアメリカネムノキ（レイン・ツリー）(*Samanea saman*) が多い。街路樹としても植えられ、広い国道の上で傘のように広げた樹冠がくっつき、トンネル状になっている。アメリカネムノキとは日立のコマーシャル「この木何の木、気になる木」で有名になった樹木だが、これはハワイのオアフ島モアナルア・ガーデンパークにあるものだ。原産は西インド諸島や中央アメリカで、マレーシアにもたらされたのが一八七六年とされる。東南アジアでは古いものでもせいぜい一四〇年程度だということになる。しかし、各地に大木がある。生長は早いようだ。

一九八六年一〇月のこと、ランパンで、大きなアメリカネムノキの太い枝まで伐り落された無残な樹形が続いているのをみかけた。薪にするのかなと思ったのだが、大きなビニールシートを敷き、そこにたくさんの人が集まり、さらに枝を細かく切っている。運転手に「あれは何をしているのか」と聞くと、「クラン」だという。そんなタイ語は知らない。車を止めて見に行った。

11-1 太枝まで伐り落とされたアメリカネムノキ

枝先だけをはずしているが、そこにカイガラムシがついている。「ラックカイガラムシだ」と直感した。名前は知っていたが、どのように収穫し、何に使われるかなどは知らなかった。ラックカイガラムシとのはじめての遭遇であった。近くのアメリカネムノキの下へ入ってみると、地表の雑草が汚れている。カイガラムシの分泌物が落ちて、それにカビがはえているのである。樹上をみると細い枝のまわりをカイガラムシが白く覆っていた。以降、このラックカイガラムシの飼養を調べるために、ランパンへ何度も通うことになる。

ラックカイガラムシ

ラック（シェラック）というのは熱帯アジアに広く分布するラックカイガラムシ（*Laccifer lacca = Kerria lacca*）が分泌する樹脂状の物質で、からだの外側で凝固し巣の役目をはたす。カイガラムシのついた枝を新しい枝に接種（放虫）する。孵化した幼虫は新しい枝先へ移動・生長する。それを毎年、収穫する。くっつける樹木（寄主樹木）はタイではもっぱらアメリカネムノキであるが、以前はアセンヤクノキ、ハナモツヤクノキなどでも飼養されたらしい。

11-2 枝についたラックカイガラムシ

インドではハナモツヤクノキ、セイロンオーク、インドナツメが主であるが、地域によって寄主樹木がちがう。針葉樹を除いて何にでもつき、二四一種もの樹木につくことがわかっている。マンゴー、ライチ（レイシ）、リュウガンなどについたら「害虫」ということになる。タイでは稲わらにカイガラムシのついた小枝（種ラックという）を入れ、それを新しい枝にぶら下げる。インドネシアではタケ製の細いかごに入れ枝にひっかけていたが、最大の産地インドでは新しい枝に種ラックをひもでしばっているだけである。カイガラムシのついた枝をスティックラック、枝から樹脂だけを外したものをシードラックという。飼養農民の中には値上がりを期待してスティックラックを屋根裏などに貯めている人もいた。長くおいても大きくは変質しないらしい。

一九九二年三月のこと、インドネシア、スラウェシ島へ渡る前に一日余裕があったので、ジャワ島東部のスラバヤで車をチャーターし海岸沿いにバリ島への国道を走っていると、シツボンド付近で背の低い樹木が続いた。海風による風障地かなと思ったが、樹木は一種類だけだ。おかしいと車を止めて登っていくと、農民が集まっていた。樹種はセイロンオーク（*Schleichera oleosa*）で、これについたラックの収穫と接種の作業中であった。近くのプロボリンゴにラック精製工場があることを聞き、ここも訪ねた。インドネシアの研究者から情報を得たわけではない。偶然ここを通りかかり、背の低い樹木の森林に、なぜ？　と疑問を持ち、車を止めたことで、インドネシアのラックカイガラムシ養殖・ラック生産の実態がわかったのである。我ながらいい「勘」だったと思う。

インド訪問

ラックカイガラムシの文献を集めていて、インドの東部、ビハール州ランチィに世界唯一のラック研究所があることを知った。一九九二年八月、海外林業コンサルタンツ協会から未利用資源市場開発情報整備調査を依頼された。タケなど日本の林産業と競合しないものが対象だという。それならインドのラック生産も調べたい。インドの地図をながめて、鉄道で何日かかるのだろうかと心配したが、ランチィに空港がありニューデリーから乗継で行けることがわかった。eメールはもちろんインターネットもない当時、テレックスと航空便で訪問を知らせておいて出発した。

現地につくと、訪問・見学にはニューデリーの農業省の許可がいるという。目的を説明して、ようやく研究者であることを認めてくれ、研究所の見学、ラックカイガラムシ飼養の村落、ラック（シェラック）精製工場などを紹介してくれた。とはいえ、車などだしてくれるはずもなく、毎日、ホテルで車をチャーターして動いた。最後の日に、ラック研究所で東南アジアでのラック生産の現状を話してくれということで車が迎えに来た。そのあと、コルカタ（カルカッタ）に飛び、ここにあるシェラック輸出組合などを訪ね、ラック（シェラック）最大の生産国インドでの生産・流通の実態がつかめた。

食品着色料

私のこんな研究をどこでどう知ったのか、一九九七年にＮＨＫの「オモシロ学問人生」という番組に呼ばれた。司会の酒井ゆきえさんがあんパンを割り、「おいしそうなあんこですね」というのに、私が、「それ、カイガラムシで着色しているんですよ」と答える場面から放送が始まった。ラックの用途としては、以前はＬＰ、ＳＰなどのレコード盤、もう一つが塗料のニス（ワニス）であった。アルコールにラックを溶かし、木材などに塗る。アルコールが蒸発したあと、薄いラックの被膜ができる。これも現在では多様な塗料がある。しかし、ストラディバディウスなどバイオリンの名器には現在でもニスがいいとされる。

11-3 インドのラック研究所を訪ねる筆者（インド、ランチィ）

樹脂から抽出した赤紫の色素（ラッカイン酸）はあんパンの餡、カニ蒲鉾、明太子、ジュースなど多様な食品の着色料として使われている。樹脂（ワックス）も、天津甘栗の光沢、チョコボール、チューインガム、錠剤の糖衣など多様な用途に使われている。日本には東京、岐阜、大阪に精製工場があり、タイ、インド、インドネシアからラックを輸入しているが、輸入量は最近大きく減少している。

このスティック・ラックが、正倉院御物の中に「紫鉱」という名で保存されている。「種々薬帳」の記録によれば当初六〇斤あったとされている。天平の昔にラックが日本まで来ていたのである。薬用だというが、何に使ったかのかはよくわかっていないらしい。

食品の原材料・食品添加物の表示をみれば「ラック」の名はすぐにみつかる。まちないなく、あなたはカイガラムシを食べている。

12 東南アジアのアグロフォレストリー

混乱するアグロフォレストリーの定義

発展途上国がかかえる問題、すなわち、森林の減少、人口増加による食糧不足、生活環境の悪化、この三つは密接に絡み合っている。それを一挙に解決できる特効薬（Panacea）として期待されているのが、アグロフォレストリー（Agroforestry）である。この用語がでてきたのが一九七五年頃で、国際農業研究機関の一つ国際アグロフォレストリー研究センター（International Agroforestry Centre for Research of Agroforestry：ＩＣＲＡＦ）がケニア、ナイロビに設立されたのが一九七七年のことである。これはのちにＷＡＣ（World Agroforestry Centre）と改称された。

アグロフォレストリーの定義は「アグロフォレストリー」という用語を使った人と同じだけあるといわれるほどだが、「同じ土地で、樹木と作物、あるいは家畜を、同時に（あるいは異時的に・交代で）組み合わせることによって、単位面積当たりの生産力を増加させる土地利用システム」であるといえる。用語自体は新しいものであったが、このような考えが突然、出現したわけではない。樹木（林業）と作物（農業）を組み合わせることは、世界各地で古くから行われていた。

12-1 被陰樹の下でのチャの栽培（インドネシア、ジャワ）

定義が定まらない理由のひとつが、樹木と作物の垂直的な組み合わせだけに限るのか、水平的な組み合わせをも含めるかどうかということである。たとえば、チークの下でオカボ（陸稲）の栽培、すなわち植栽されたチークの列間でのオカボの栽培は垂直的な組み合わせといっていい。しかし、チークが数列、そしてオカボが数列、あるいはそれ以上になった場合、これを垂直的な組み合わせといえるかどうかである。このような広い間隔の水平的分布はアグロフォレストリーには含めず、農用林（Farm forestry）として別扱いにするという考えである。列間、あるいは林内のランダムな植栽でなく、農地のまわりを樹木・生け垣で囲った場合、それもアグロフォレストリーに含めるかどうか、といったことである。

12-2 WAC（国際アグロフォレストリー研究センター（ケニア、ナイロビ）

さらに、同じ土地を樹木と作物が同時に使うことに限るか、交代での利用も含めるかどうかである。たとえば、数年間、作物を栽培し、そのあとに薪炭用の樹木を植栽し、それを数年ごとに交互に行う場合、これは林業と農業の交代での土地利用だとし、アグロフォレストリーに含めないか含めるかである。また、林業（樹木）と農業（作物）の組み合わせだけなく、森林内での放牧、あるいは家畜の飼料採取は林業と畜産業、森林内で農作物・家畜飼料作物を作る、あるいは放牧すれば林業・農業・畜産業の組み合わせになる。林業と水産業の組み合わせもある、マングローブ内に養殖池をつくっての養魚・エビ養殖である。

棚田もアグロフォレストリー

人によって定義がちがう、用語がちがうといった混乱もあったが、問題ははじめに述べた発展途上国がかかえる問題をいかに解決するかである。それぞれの地域で、そこで適応できる方法をみつけ、実践することであり、定義にこだわる必要はない。ということで現在、アグロフォレストリーの定義はきわめて広い意味で使われている。

棚田の維持にはその上の山からの安定した水の供給が必須である。山にはもちろん、森林がなければならない。棚田とその上流の森林を一体のものだと考えれば、これもアグロフォレストリーとして認められる。フィリピン、ルソン島の世界遺産に認定されているイフガオには天に上る階段とも賞される棚田がある。ていねいに石を積んだところと、土のところがあったが、その維持はたいへんだろう。これもアグロフォレストリーだとの意見があるが、実際に現場をみてそれでいいと思った。

そんな広い定義、視野で東南アジアをみて、タイ東北部の水田の樹林、タイ北部の森林の中での漬物茶（ミアン）原料のチャの栽培、スマトラ島南部でのフタバガキ科樹木と果樹の組み合わせ、ジャワ島でのプカランガン（ホームガーデン）、被陰樹とコーヒー・カカオ・チャなど永年作物の組み合わせ、また、単一樹種で葉・果実などが食料・飼料、木材は薪炭・用材に利用でき、さらにはワックス、精油、タンニン、染料、繊維、薬品などが採れるといったマルチパーパス・ツリー（多用途樹種）の植栽など、多様なアグロフォレストリーがあることを知り、これまでその実態を調査してきた。

国際アグロフォレストリー研究センター

一九九九年四月、ケニア、ナイロビにある国際アグロフォレストリー研究センター（ＷＡＣ）理事への就任依頼があった。それまでアフリカへは行ったことがなかったので、どんなところなのか、東南アジアとどこがちがうのかみられるだろう、そんな気楽な気持ちで受諾したのだが、責任は重かった。当時、理事は一三名、南北（先進国・発展途上国）の比率、男女の比率はきびしく守られていた。日本はこのセンターに一億円の資金援助をしていた。大口の支援機関は世界銀行やＥＵで、事業目的のための援助であったが、日本からの援助はいわゆるひもなし、ありがたい援助であった。私の就任にはこことも影響していたのだろうが、ＷＡＣに日本人研究者は一人もいなかった。

理事会は学会や研究会ではない。年一回の理事会では財政、人事、労務管理など最高議決機関としてのさまざまな問題を話し合うのである。ＣＮＮとＢＢＣを同時に聞いているようなもので、知らない単語がとびかう。正

12−3 イフガオ（フィリピン、ルソン島）の棚田

直なところ、論議の中には十分には入りこめない気の重い一週間であった。

治安が悪いとかで、ナイロビ郊外のホテルに缶詰めにされ、決して一人で出ないでくれときつく言われた。あちこちみて回りたかったが、何事かあって迷惑をかけてもいけないと自制し、満開のジャカランダに覆われたナイロビの街も自由には歩いていない。郊外も、ビクトリア湖と赤道が通るクスムへのエクスカーションで行ったくらいだ。会議終了後には、翌日の会議のための大量の書類を渡され、それを朝までに読まされた。

冷房のよく効いた部屋で、定時にお茶を飲みながら、発展途上国の貧困をアグロフォレストリーでどう解決するかといった論議をした。たとえば、ケニアを含めアフリカでのエイズ感染率はきわめて高い。これは貧困に起因する。アグロフォレストリーで森林を再生させ、食糧生産を増加させ、生活環境を改善し、貧困を解消できれば、エイズの蔓延を食い止められるといった話であった。窓の外に眼をやると、裸足で歩く人々の姿がみえた。その光景をみながらの論議にちょっと違和感を覚えた。

そんな中、日本政府が海外援助（ODA）を大幅に削減するという新聞報道があった。WACの所長にそのことを伝えたところ、あわてた幹部が揃って来日し、外務省、財務省、研究機関、大学など二〇ヵ所をまわり、WACの活動を説明してまわった。私は訪問をアレンジし、同行した。削減率は七%とか一五%とか聞いていたのだが、実際には半額に削減された。大きな事業削減・解雇が必要になった。私の力不足ということでもあったのだろう。これを機に再任を辞退させてもらった。

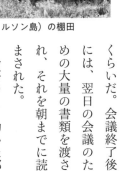

13 タイのミアン・ミャンマーのレペッ（漬物茶・噛み茶）

タイ北部のミアン

タイ北部の古都チェンマイへ初めて行ったのは一九六五年三月三日。国連食糧農業機関（ＦＡＯ）の依頼によるランパンでの竹林調査の後、一人でチェンマイまで行かせてもらった。行かせてもらったというのは、目的はあくまでランパンでの竹林調査だからと、チェンマイ行きの許可が下りなかったからだ。そのため、同行の森林官に「次の日までにはかならずバンコクに戻るから」と、チェンマイ行きを黙認してもらった。早朝、ランパンを発ち、朝一〇時二〇分にチェンマイに着いて夕方四時のバンコク行き夜行急行に乗るまで、チェンマイ市内（城内）を歩きまわった。タイの古都に、ともかく行ってみたかったのである。わずか五時間の滞在だったが、この街が大好きになった。

当時、列車は薪を焚いて走っていた。トンネルはないので、窓は開け放しだ。真っ暗闇の中で野火（山火事）の先端が線状に次から次へでてきたことを覚えている。バンコクまで一八時間の旅であった。

13-1 樹木の間にまっすぐに立つチャ（タイ、パーペー）

一九八〇年一月、焼畑調査のため滞在していたタイ東北部のコンケンから車でチェンマイへ行くことになった。まず、チェンマイ近郊のワット・プラタート・ドイステープにお参りした。観光客がかならず訪れるところだ。ここでタイ語でバイ・トーイと呼ばれるニオイアダンの葉で四角に包んだミアン（漬物茶）を売っていた。座敷に座って丸いお膳で食べるチェンマイの郷土料理カントークにもミアンがついてきた。チャの葉を発酵させたものだと聞いたが、食べてみると酸っぱくはないがちょっと渋みがある。噛んだあと、吐きだすのか呑みこむのか迷ったが、他の客をみるとそのまま食べているようだった。

　その後、食用昆虫や樹木野菜の調査のため、あちこちの市場に入って、おむすびのように丸めたミアン、あるいはタケ製の大きなかごに入ったものが、どこにも売られていること、ミアンが北タイの郷土食であることを知った。茶を飲む「飲茶」に対し、葉を食べる「食茶」はチャの原始的利用だといわれる。

　この年には、チェンマイの北、ゴールデン・トライアングル（黄金の三角地帯）にある少数民族リス族とカレン族の住む村へも行った。ケシの栽培を止めさせ、代わりに果樹や高原野菜の栽培を奨励している地域である。薄いピンクや空色の民族衣装を着ているリス族は、カメラを向けると顔を隠し、みんな逃げてしまった。

13-2 葉の半分だけちぎられたチャ

　この付近の、大木の残る森の中に高さ五mほどの白い肌をした細い樹木がたくさん立っていた。みたこともない光景で、「あの木、なに」と聞くと、「チャだ、あれでミアンをつくる」という。ミアンとチャがここで結びついた。白い花が着いている。まちがいなくチャの花だ。しかし、葉が大きい。長さ一〇～一五cmはある。シャン・タイプ（アッサム種）といわれるものだろう。林内は明るく、放牧されている数頭のコブウシが木製のカウベルをぽくぽく鳴らしながら、草を食んでいた。

チャの葉の半分をちぎる

　森林の中でのチャの栽培が気になり、一九九〇年一一月と一九九一年一〇月の二回、ここへ森林調査にでかけた。天然林といってもヒメツバキ（イジュ）（*Schima wallichii*）を主とする人手の入った森林であったが、立木密度は二〇〇～一、二〇〇本、胸高断面積は四・九～四〇・三㎡／ha、そこに七〇〇～一、五六七本／haのチャが植えこまれていた。調査しているところへ運よく、肩からかごをぶら下げた男がやってきてチャの葉を摘み始めた。新しい葉の先の方、半分だけを指に挿した

13-3 丸められたミアン（タイ、チェンマイ）

金具でちぎる。半分は残されている。ちょっと痛々しい感じがした。時々、長い紐と短い棒を組合わせた道具で枝を引き寄せたり、枝など足場があれば、木に登って摘んだりしていた。

なぜ葉っぱ全部をとらないのかがわからない。理由を尋ねたら、「葉っぱ全部とってしまったら、息ができなくなるだろう」という。それなら一枚は全部とり、もう一枚はとらずに残せばいいのにと思ったのだが、もう一人の男がやって来て近くで作業を始めた。これでわかった。ここではチャ摘みは共同でやる。一枚採り一枚残すでは、人間がやること、つい摘みすぎになってしまう。半分だけを残すルールでは葉の量の半分は確実に残る。チャは活力を維持できる。いいアイデアだと思った。実際、チャ摘みは雨季の間、四～一一月の長い期間続くものだ。

近くの村でミアンの製造方法をみることができた。蒸したチャの葉をタケを薄く裂いてつくった紐でしばり、これを直径五〇cm、高さ六〇cmのタケで編んだかごの底にバナナの葉を敷き詰め、その中に蒸したチャ葉のかたまり二〇〇～三〇〇個をぎっしりと敷き詰める。はだしのままチャの葉の束の上に乗り踏み固める。乾燥予防のため、かごの外には泥のようなものを塗って目を塞ぐ。この泥のようなものは新鮮なウシの糞だった。ミアンに得も言われぬ風味があるのは、はだしの足からの水虫菌による発酵と牛糞のエッセンスなのかも知れない。

天然林の維持とチャの栽培

標高六〇〇～八〇〇mのゴールデン・トライアングルの気温・湿度がチャの栽培に適しているのであろうが、森林を残し、樹木を被陰樹、さらにはチャの葉を蒸す燃材として利用し、そこにチャを植えこみ、それを伝統食品ミアンに加工している。森林内にはコブウシを放し、畜産も同時に行う。アグロフォレストリーでも林業・農業・畜産業を組合わせたアグロ・シルボパストラルの範疇に入るものだと報告した。このようにして、ゴールデン・トライアングルの森林が守られている。森林の管理とチャの栽培にすばらしい工夫と伝統がある。とはいえ、気がかりはこの伝統食品を好む人間がタイ北部でも少なくなっていることだ。とくに若い人には不人気らしい。それはこの森林の今後にも影響する。

ミャンマーのレペッ（レペッソー）

漬物茶はミャンマー、ラオス、中国南部にもある。ミャンマーではレペッ（レペッソー）と呼ばれるが、タイよりもさらに日常的な食べものである。エーヤワディ（イラワジ）河畔のピエイ（旧プローム）から天然チーク林地帯のナンウィンダム上流地域へモデルフォレスト活動支援によく出かけたのだが、ここの営林署でのお茶の時間にはこのレペッがビルマ漆器の丸いお

13-4 ビルマ漆器にのったレペッ（ミャンマー、ピエイ）

盆や金属製のお皿にピーナッツ、キマメ、ゴマ、干しエビ、干し小魚とセットでよくだされた。これらを混ぜ合わせて食べた。市場にもかならず売っているが、桶に入れられていて残念ながら見た目はおいしそうではない。

タイではそのまま、あるいは塩を振りかけるかショウガを混ぜて食べていたが、ミャンマーではいろんなものをまぜるのでよりおいしいと思う。タイとはちがったチャの栽培、漬物茶の加工があるようだが、治安が悪いといわれ、ミャンマーでのレペッ生産についてはあまり調べてられていない。

ミャンマーからおみやげ用にパックに入ったレペッを何度か買ってきたが、「あれ、買ってきて」とは家族からもいわれない。他にない味、たとえようのない味であることは確かだ。発酵したチャの葉だ。ちょっと酸っぱい感じがあるが、顔をしかめるようなものではない。とはいえ何の説明もせずだしたら、まず誰も食べようとしない代物だ。

ぜひ、一度は味わって欲しい。おいしいか、まずいかは食べて判断していただきたい。

14

ラフレシア　世界最大の花

ラフレシア（Rafflesia）

熱帯の野生植物に興味のある人なら、一度は実物をみてみたいと思うのがラフレシアであろう。世界最大の花ともいわれ、葉緑体を欠き光合成能力が全くない完全な寄生者として知られる植物だ。ブドウ科のミツバビンボウカズラ（ブドウカズラ）（*Tetrastigma* = *Cissus*）属に寄生し、葉も根も出さずに、大きな花だけを咲かせる。中でも、*Rafflesia arnordi* は花の大きさが最大一・五m、重さ八kgにもなるという。シンガポールの創設者として名を残すラッフルズ（T. S. Raffles）が、インドネシア、ジャワの副総督からスマトラ、ベンクル総督に転じたあと、一八一八年、ロイヤル・ソサエティの植物学者アーノルド（J. Arnold）を案内している時、発見したとされる。アーノルドはベンクルに帰る前に熱病で亡くなるのだが、みつけたラフレシアのスケッチを残していた。このスケッチを基に、二人の栄誉をたたえ、当時の植物学の大御所ブラウン（R. Brown）によって二人の名前を入れた学名（*Rafflesia arnoldi*）がつけられ、新種として記載された。

大阪での花の万博で実物の液浸標本が展示されたことがある。京都府立植物園にも液浸標本がある。ラフレシアの仲間には、参考書によって種数がちがうが、スマトラ、ボルネオ、マレー半島、フィリピンに二一種が分布するとされる。

これまでスマトラ、ボルネオ、マレー半島など、ラフレシアの分布地だというところへ何度も行ったが、出会うことはなかった。ラフレシアはタイにもある。タイ南部スラータニー近くの国立公園で咲いているといわれ、期待して分布地を訪ねたのだが、数日遅かった。花期は限定され、開花後すぐに腐ってしまうのである。スマト

14-1 *Rafflesia arnoldii*（スマトラ、パダン）（西村千氏撮影）

ラ、パダン南部のクルイに行ったときも期待したのだが、機会はなかった。パダンに長期滞在して森林調査をしていた西村千さんから写真をもらっただけで、ラフレシアとの対面はなかなかかなわなかった。

キナバル山麓では確実にみられる

二〇〇〇年一二月のこと、ボルネオ北部（マレーシア、サバ州）のコタキナバルからサラワクに近いケニンガウにある越井木材のアカシア・ハイブリッド植栽地の見学に行った。この途中、クロッカー山脈を越えたとき、峠にあるビジターセンターで休憩し、展示をみていると、ラフレシアの写真がある。館員に「今は咲いていないのか」と聞いたら、「咲いている」という。頼んで連れていってもらった。森林の中ではあったが、国道からわずか一〇mのところだ。予期せぬ出会いであった。すぐそばまで近寄れたが、一般の人にみせている様子はなかった。歩道もないところで、ここに咲いていることがどうしてわかったのだろう。毎年咲くところとして注意していたのかも知れない。これは模様の大きな*Rafflesia pricei*であった。

14−2 *R.pricei*（サバ、クロッカー峠）

14−3 *R.keithii*（サバ、キナバル山麓）

二〇一三年一月、サバのキナバル山国立公園とキナバタンガン河下流への自然観察に二度にわたって出かけた。最初はキナバル山麓のポーリン温泉から少し離れたココップという村で、二度目はポーリン温泉近くで、細かな模様の*Rafflesia keithii*をみることができた。大きさはどちらも直径七〇cm程度であった。ポーリン温泉近くでは、黒いキャベツのような蕾や、腐って棘のある盤状体だけが残っているものなど、付近には二〇個近くもあった。開花するときつい臭いをだすというが、とくに臭いは感じなかった。といっても、柵があって間近には

14-4 ラフレシアをみつけて至福の時（サバ、クロッカー峠）

寄れなかった。

ココップ村では民家のすぐ裏の竹林の中、ポーリン温泉では拓いたばかりのパラゴム園の近くにあった。深い森の中というわけでもないが、どこに咲いているかを知らなければ出会えないものだ。ちょうど開花している時期に行ったという幸運はあるのだが、今なら確実にみられる。どこに咲いているか、ガイドが情報をもっているからである。

サバ州観光局がラフレシアの開花情報をもっており、ホームページでも教えてくれる。村人もラフレシアの開花を観光局へ知らせておけば、見学者が来て臨時の収入が得られる。実際、私たちも一人三〇リンギット（約千円）を支払った。このときは三〇人のグループで行ったので、村人にとっては大きな収入になったようだ。ともかく、この情報のもとでラフレシアに会える機会はより大きくなっている。情報化時代のなせる業である。

14-5 *R.tuan-mudae*（サラワク、クチン）

サラワク、クチンのグヌン・ガディン（Gunung Gading）国立公園には、ここにしかない *R. tuan-mudae* がある。二〇一七年七月、これをみに行ったのだが、真っ黒いキャベツのような大きな蕾が並んでいるだけで、開花したものがなかった。これに満足しなかった同行者に誘われ、二〇一八年一月に再訪した。狙った通り開花したものがあったが、模様は思ったより地味で、ちょっと期待を裏切られた。

わかっていない開花の仕組み

ラフレシアは雌雄異株で種子は発芽後、寄主樹木の幹や根の内部で数年過ごし、蕾がでてから九ヵ月もかかって開花するとされる。五枚の花被片の下部は合着して椀状の花筒をつくり、中央にずい柱、この先端に棘のある盤状体がある。腐敗臭をだし寄ってくるオビキンバエなどハエ類が送粉の役目を果たし、受粉後、数百万個にもなる微細な種子がつくられるという。

ラフレシアの種子はきわめて小さいにしろ、寄主樹木のミツバビンボウ（ブドウ）カズラのつるの上にうまくのらないといけない。しかも樹皮が健全ではだめで、剥がれているなどで傷があるところに種子が直接、形成層にくっつかないと発芽しないとされている。ヴィーヴァーズ・カーター『熱帯多雨林の植物誌』では種子が歩いてきたシカやイノシシなどのけものの足裏につき、地表に横たわるつるを踏んだ時、爪で傷がつき、そこにうまく種子がのって、発芽・生育する、その証拠はつるは樹上まで伸びるのに、ラフレシアの開花は地表近くに限られる。すなわち種子はけものによって運ばれる、としている。

傍証として、狩猟や開発などでシカやイノシシなどのけものがいなくなったところでは、その後ラフレシアの開花がみられなくなったと述べている。しかし、キナバル山麓でみたものは民家のすぐ裏の竹林と拓かれたばかりのパラゴム園近くで、どちらも人の気配のあるところ、シカやイノシシが通るようなところではないように思った。

種子はきわめて小さいものだと書いたが、それなら風に飛ばされる、あるいは鳥類はもちろん、ヤスデやゴキブリなど地表性土壌動物のからだに種子がついて運ばれることもあり得る。グヌン・ガディンでは高さ一ｍほどのところに小さな蕾があった。開花の仕組みについては誰もが、興味をもつところだ。発生場所が限られるにしろ、面白い研究課題でもある。研究はどこまで進んでいるのだろう。本当に樹皮が剥がれていないといけないのか、健全な樹皮の上におかれても発芽するのか、自分自身で確認してみたいものだ。

3▼ナポレオンフィッシュ

魚で驚いたのは南スマトラのインド洋側にあるクルイという小さな港町でのことだ。この地域は焼畑地にダマール・マタクチンと呼ばれるフタバガキ科の*Shorea javanica*を植栽、住民自身でフタバガキ人工林を仕立て、これから樹脂（レジン）を採取、その林内にドリアンやズクなどの果樹を植え、レジンと果樹生産で森林と住民の生活を維持している。農業と林業の結合（アグロフォレストリー）の成功事例として知られているところである。

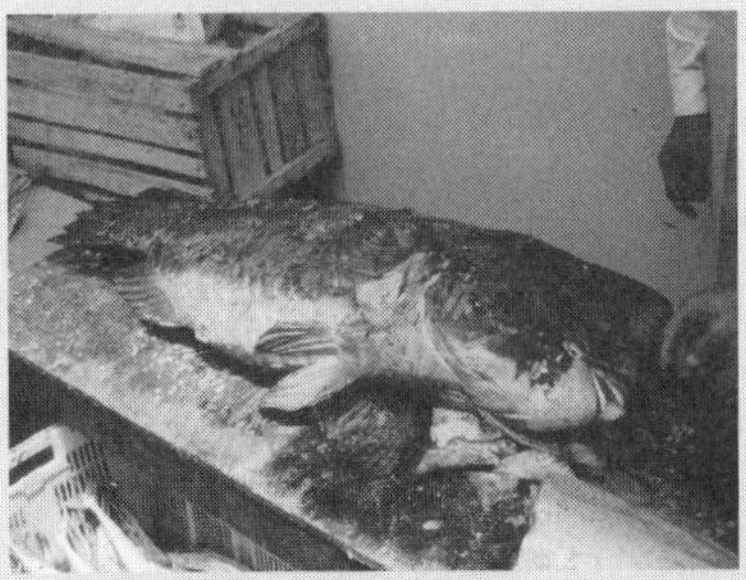
クルイの市場で解体されるナポレオンフィッシュ

ここへは二度行ったが、海岸通りの交差点にある町のモニュメントは、樹脂採取の穴が等間隔にあけられたフタバガキ大木の上にバショウカジキがのったものだ。バショウカジキはわかるが、穴のあいた大きな丸い台座がダマール・マタクチンにあけられた樹脂採取の穴であることは、余程この地域の事情を知っていないとわからないだろう。

ここの小さな市場で、長さ1m近い大きなナポレオンフィッシュ（メガネモチノウオ）(*Cheilinus undulates*) が切り裂かれて、切り身にされているところに出くわした。大きな包丁の背を棒で叩いて切り身にしている。もう1匹はまだ動いていた。日本ではダイバーや水族館で人気の魚だが、残念ながらここでは焼き魚になる運命だった。

4▼メコンオオナマズ

世界最大の淡水魚は何かご存知だろうか。ギネスブックによると、メコン河にいるタイでプラーブークと呼ばれるメコンオオナマズ（*Pangashinodon gigas*）で、平均体長2・4m、体重163kgとなっている。巨魚として知られるアマゾンのピラルク（アラパイマ）は最大2・5m、147kgとされている。

私が初めてこの魚のことを知ったのは、1979年12月、メコン河畔のチェンカンでの夕食での時であった。開高健の『オーパ』を読んで、アマゾンのピラルクが一番大きいと思っていたのに、プラーブークは体長6m、体重2トンにもなるというのである。次の日はノンカイまで行く予定だったが、実物をみたくなり、途中のシーチェンマイにある淡水試験場に寄ってもらった。

プラーブークの標本は液浸でなく、厚いビニールシートの敷かれた木箱に入っていた。やはり2mは越えている。これはまだ小さい方、もっと大きなものがいるという。「たくさんいるのか」と聞くと、「ナマズの仲間はおいしいので、どんどん捕られ、数が少なくなっている」という。「養殖や放流はできないのか」と聞くと、「やってみたいが、今はテラピア（ユダイ・オンセンダイ）(*Tilapia nilotica*)の養殖で手がまわらない」といっていた。テラピアはアフリカ原産だが、簡単に養殖でき、今では東南アジアの淡水魚でもっともよく食べられているものの一つだ。小さなため池でも飼っている。

プラーブーク（メコンオオナマズ）料理

私の一言が契機になったのではないだろうが、その後、淡水試験場でプラーブークの人工授精・養殖に成功し、大きな池やメコン河に放流しているとのことだ。

プラーブークはタイ北部のチェンマイ、チェンライ、あるいは東北部のノンカイ、シーチェンマイなどの大きなレストランで食べることができる。バンコクでも入荷したものを店先に吊り下げたり、氷の上に置いたりして、客寄せをしていることもある。

ゴールデン・トライアングルのリゾートホテルへ大勢の学生といっしょに何度か泊まったことがある。レストランのメニューにプラーブークがあるので、注文した。切り身を揚げたあんかけ風の料理だった。残念ながら、この店は切り身で冷凍しているだけで実物は置いていなかった。学生には、実物をみせてから食べさせたかった。

バンコクのレストランにおかれたプラーブーク

15 キナノキとキニーネ

インドネシア、ジャワのキナノキ・プランテーション

アルコールにきわめて弱い私は、機内でも、レストランでも、トニックウォーターを注文する。みんながビールやワインで盛り上がっているのに、ミネラルウォーターではさみしいしコーラでは甘すぎるからである。

一九八四年一月、インドネシア、ジャワの学園都市バンドンの近郊にあるトゥンクバンプラウ(Tungkubanplau)(標高二〇七六m)に登った。ドライブウェイがあり山頂まで車で行ける。火口から蒸気を吹き出し、きつい硫黄の匂いがするが、植生も変わり涼しくて気持ちよかった。一九八五年七月と一九九三年八月にも行ったが、亜硫酸ガスの濃度が高いとかで、山頂への登山は禁止されていた。

バンドンからの途中、レンバン(Lembang)近郊に見渡す限りの広大なキナノキ・プランテーションがあるのをみつけた。キナノキとは南米原産のアカネ科の樹木で約三〇種あるようだが、ここに植栽されているものはボリビア原産のボリビアキナノキ(*Cinchona ledgeriana*)だと聞いた。

15-1 見渡す限りがキナノキ・プランテーション(インドネシア、レンバン)

樹皮に含まれるアルカロイド、キニーネ(Quinine)がマラリアの特効薬として知られている。現在ではマラリアには多様な合成抗マラリア剤が開発されているが、薬剤耐性のマラリアが出現している。薬剤耐性のマラリアの治療にはこのキニーネが有効だとされている。

キニーネの発見はスペインの宣教師だとされているが、原住民が風土病のマラリアにこのキナノキの樹皮を煎じて呑むと効くのを知っていたのが先だと思う。布教のため住み込み、住民を改宗させ、信頼を得た宣教師が

マラリアにかかったとき、原住民がキナノキの樹皮を煎じて呑ませ、治療したのだろう。ともかく、マラリアがハマダラカによって媒介されること、キナノキから得られる有効成分がキニーネだと判明したことで、多くの人命が救われることになる。

オランダもこのキナノキを植民地インドネシア、ジャワに運び、植えた。レンバンのキナノキもその名残りで、マラリア治療薬としてのものかと思っていた。東南アジアで街路樹がキナノキなのはレンバンだけだろう。

太平洋戦争中、日本軍は戦闘よりも食糧不足とマラリアなどでの死者が多かったといわれる。それだけに台湾でキナノキの研究をし、京都大学農学部はその研究の拠点の一つであったと聞く。マラリアは今でも怖い病気で、死者は全世界でまだ年間数十万人にも達する。

15-2 ボリビアキナノキの葉

トニックウォーター

あるとき、トニックウォーターの成分にキニーネ(Quinine)とあるのに気がついた。日本でも売られているSchweppesのトニックウォーターには一ℓ当り六七mgのキニーネが入っているとの表示がある。インドネシアではトニックウォーターはどこにでも売っている。国産の缶入りの「Quinin Tonik」とか「Bali Tonik」といった銘柄にはどれもキニーネと表示されている。マレーシアの「Air Tonik Evervess」にも入っている。サントリーのトニックウォーターもときどき呑むのだが、原材料として「果糖・ぶどう糖・液糖、酸味料、香料」とあり、キニーネは入っていないようだ。トニックウォーターになぜキニーネを入れるのか、理由はよくわからない。

東南アジアでの森林調査で発熱した場合、風邪など一時的なものかデング熱かマラリアかの判断はむつかしい。一九六三~六四年の初めての東南アジア、タイでの調査では私が衛生班長であった。といっても、全員で四

15-3 キナノキ・プランテーションの内部

名なのだが、毎週一回、マラリア予防薬レゾヒンをみんなに忘れないで呑ませる役目である。私自身はあまり気にならなかったのだが、人によってはこれを呑んだ後、食欲がなくなるとの症状を訴えた。しかし、マラリアになってはいけないので、確実に配布した。帰国後もしばらく呑むようにとレゾヒンを渡した。

　衛生班長としてのもう一つの役目が、毒蛇にかまれた時の血清をもつことであった。日によって当番が代わると誰がもっているかわからなくなるので、私が必ずもつと決められたのである。バンコクへ着いてすぐにパスツール研究所へ行き、血清を購入した。血清には血液毒と神経毒用があり、簡単な毒蛇図鑑と注入用の注射器をくれた。どのヘビに咬まれたかで、血清を換えなければならない。ヘビに咬まれたら、咬んだヘビを捕まえておくようにと注意しておいた。毒蛇自体は何度かみつけたが、幸か不幸かだれも咬まれず、血清を使う事態には遭遇しなかった。

マラリアの発病

　一九七二年一月五日、マレーシア、ネグリセンビラン州のパソー（Pasoh）森林保護区で行われていたマレーシア、英国、日本の三国共同の森林調査のため、宿舎のあるクアラピラに到着した。次の日から作業員六人を乗せ、六時起床、六時半出発で、途中、朝一番に開いている食堂でパン、牛肉のカレー煮、オレンジの弁当を仕入れ、パソーへでかけた。そして一月一五日のこと、辛いはずのカレー煮、酸っぱいオレンジにまったく味がない。何で味がないのと思ったが、とにかく暑いところ、汗びっしょりで帰ってきて、ランドローバーから降りたとたん、脚が崩れ、そこへ座り込んだ。熱がある。

　数日、寝込んでしまったのだが、当時名古屋大学教授だったリーダーの穂積和夫先生が夕方、町医者を連れきてくれた。「マラリアかも知れない、公立病院へ行った方がいい」との診断だった。この時、マラリアの治療薬ファンシダールはもっていたが、肝臓を悪くするので、予防薬としては飲まない方がいいと、私は飲んでいなかった。しかし、マレーシア人の作業員やその家族がマラリアにかかったといって薬をもらいに来ることがあったので、その際は渡していた。身近なところにマラリア患者がいたことはまちがいない。

　次の朝、クアラピラの公立病院へ運ばれた。熱でぼんやりしているのだが、診察の医師が体温一〇三度と書き込んだのをみて、「あっ、沸騰している」と思った。もちろん、華氏である。手を広げ、指の先にクギのようなものを突き刺す。血が盛り上がるとそれをスライドグラスに塗りつけ、原虫がいるかどうか検査するのだ。マラリアだと判断された。

15-4 インドネシア・マレーシアのトニックウォーター（Quinin Tonik）

　マラリア治療薬クロロキンを呑まされたのだが、すごい吐き気で薬が呑みこめない。小さなコップ一杯の水は飲めたのだが薬だけが口の中に残る。水が欲しいというと、なぜか看護師にひどく怒られた。今でもその理由がわからない。一週間の入院で熱は下がったが、何も喉を通らないので退院させてもらい、クロロキンを指示通り飲んだ。再発したらさらに危ないとの判断で、一ヵ月で帰国することになった。

　東南アジアへの渡航が三度目のときであった。調査途中の帰国でくやしい思いもあって、一年後、吉良竜夫先生から、「もう一度行くか」と聞かれ、即、「行きます」と返事した。

　ただの風邪でも熱はでる。数日で治まる風邪の熱かマラリアやデング熱での発熱かどうかの判断はむつかしい。マラリアでも対応が遅れると危ない。今ではアメリカで開発された検査キットがあり、わずか数分でマラリアかどうかの判断ができる。

　私がキニーネ入りのトニックウォーターを呑むのも、あのつらかったマレーシア、パソーでのことを思いだすためかもしれない。

16

タイ・ミャンマーの漆器とビルマウルシ林

ビルマウルシ

漆・漆器はブータンから日本までの極東アジア南部のものだが、最近までウルシ（漆）（*Toxicodendron vernicifluum*= *Rhus verniciflua*）の原産は中国・ヒマラヤとされ、日本のウルシも中国からの渡来とされていた。ところが、福井県若狭町の縄文遺跡鳥浜貝塚から一二六〇〇年前のウルシの枝、五五〇〇年前の赤色漆塗り櫛が出土、北海道函館市の垣ノ島遺跡でも約九〇〇〇年前とされる漆工芸品が出土し、ウルシが日本にも自生しており、漆を利用する技術自体をもっていたとされる。

それはともかく、大宝令（七〇一）に漆部司を置くとあるように、古くから漆の特性は理解されていたようだ。正倉院御物にも漆器があるし、法隆寺の玉虫厨子も漆塗りだ。金閣寺や中尊寺金色堂などの建物や内陣、経典箱や文書箱などの工芸品、さらにはお椀やお箸などの日常品まで、身近なところにも漆が使われている。産地も会津、木曽、輪島、飛騨春慶、若狭、久留米、琉球など、それぞれ特徴をもった漆器の産地がある。

16-1 マツ林の中のビルマウルシ（タイ、ノンクラティン）

タイ北部のチエンマイ、ミャンマーのバガンやマンダレーなどに、タイ漆器・ビルマ漆器と呼ばれるものがある。しかし、そのかたち、デザインは日本の漆器とは大きくちがう。日本の漆器がお椀やお盆、あるいは重箱など、主として単純なかたちをしているのに、タイ漆器・ビルマ漆器は花瓶・宝石箱、あるいは鳥獣の置物など、複雑なかたちをしている。日本の漆器はろくろ（轆轤）

を回した盆や皿、あるいは寄木の箱に漆を塗っているのに、タイ漆器・ビルマ漆器はタケを薄く裂きこれを編んでかたちをつくり、その上に細かい粘土を塗り込み、漆を塗ったものだ。デザインもさまざまで、タケを編んだものだけに軽い。これを藍胎漆器という。

日本のウルシとビルマウルシは同じウルシ科だが、種がちがう。タイ語でラック・ヤイ、ミャンマー語でティシィと呼ぶビルマウルシ（*T. usitata* = *Gluta usitata* = *Melanorrhorrea usitata*）である。落葉性の樹木でインドからインドシナ半島のそれもやや高地に分布し、直径七〇cm、樹高二五mもの巨木になる。葉は単葉でマンゴーに似ている。一九九〇年一一月と一九九一年一〇月の二回、タイ北部の山岳地でビルマウルシのある森林はどんな構造なのか、どうやって漆をとるのか、チェンマイの西のカレン族の村ノンクラティンと北のタイヤイ族の村チェンダオへ調べに行った。

16-2 漆液を竹筒で受ける（タイ、チェンダオ）

ハートマークはなんのため？

ノンクラティンではビルマウルシはメルクシマツ（*Pinus merkusii*）林にあった。マツ林の中にあるのだから、ビルマウルシはすぐにわかる。立木本数六〇〇〜九〇〇本／haにビルマウルシが一六七〜四八〇本／haあり、胸高断面積合計は四・六〜六・二㎡／ha、最大のものは直径四二cmであった。稚樹は九八〇〜一、一三三本／haもあった。日本の漆掻きは水平に、あるいはやや斜めに溝状の傷をつける。ここにはその漆掻きの傷がない。漆液を採っていないのかなと思っていると、樹皮に縦に三〇cmくらいの傷がつけられ、黒い漆液が滲み、その下に細く短い竹筒が打ち込まれているのをみつけた。

16-3 ハートマークが縦に並ぶ

竹筒で漆液を受けていたのである。タケ竿の先に刃物をつけ、それで傷をつけるのだが、大木でもその傷はたった一列、縦に二、三本が並ぶだけであった。たくさん傷をつければ漆液がもっと採れるのにと思ったが、毎年採れるようにとの工夫らしい。

一方、チェンダオでは、ビルマウルシはフタバガキ科樹木を主とする混交林にあった。立木密度四八三~九六七本/ha、その中にビルマウルシが一一七~一三三本/ha、胸高断面積は一六~二一㎡/ha、最大直径五九cmであった。しかし、ビルマウルシの稚樹は多いところでも六七本/haしかなかった。ここでは縦に傷がなく、幹にハートのマークが彫りつけてある。はじめ誰かのいたずらかと思ったのだが、これがタイヤイ族の漆液採集法であった。大木ではタケ製の一本はしごが固定され、上の方までハートマークがつながっている。ハートマークの下に太く短いタケ筒が打ち込まれている。大木では一本に三〇~四〇もの傷がついているが、古い傷が残っているのである。最初は一辺が一五cmくらいの逆三角形の傷をつけるのだが、漆液を採ったあと、まわりの樹皮を少し削るので、次第にハート形になるということだ。漆液は年に三回ほど採るようだ。

馬毛胎漆器

ミャンマーの遺跡の町バガンにある漆器店でおもしろい漆器をみつけた。マグカップのようなもので、表面にはていねいに模様が彫られている。店員が一つをとって横腹をポコポコと押した。漆器がひび割れし壊れるかと思ったら、柔らかいプラスチックのようにもとに戻る。日本の漆器にはない特徴だ。これが馬毛胎漆器と呼ばれるもの、タケを編んで器の形をつくり、それに馬の尻尾の毛をていねいに巻き付け、漆を塗ったものだ。

16-4 馬毛胎漆器（ミャンマー、バガン）

　タイやミャンマーの漆器生産を守り、さらに発展させるためには良質の漆を、それも安定して供給する必要がある。しかし、タイ北部の山岳地のフタバガキ科樹木が優占する天然林にはビルマウルシの稚樹はきわめて少なかった。これでは持続的な漆生産はできない。野火の侵入を防ぐなどビルマウルシ稚樹の発生を促進するべきだと論文の中で提言したのだが、タイ政府は森林伐採をきびしく禁止しており、山岳少数民族による漆液採取も違法だとして、きつく取り締まっていた。

　訪れたチェンマイの営林署には押収したたくさんの漆掻きの道具や竹筒があった。樹皮に傷をつけ漆液を採取することは森林伐採を助長するものでなく、漆液を採るため森林を維持し、地域住民も収入が得られると、調査許可をくれた営林署でも述べたのだが、簡単には法令は撤回できないのであろう。漆器店で聞くと、良質な漆液が不足し、フタバガキ科樹木の樹脂などを混ぜた粗悪品がでまわっているといっていた。

　日本での漆液の消費量は年間三〇〇〜三五〇tとされるが、国内生産はわずか五t、消費量の一・五%に過ぎない。ほとんどは中国からの輸入であるが、ベトナムから一〇〜一五t、タイからも五t程度を輸入している。

　タイ北部のビルマウルシ林の構造、そこでの漆の生産を調べたのは私たちが初めてだろう。漆にきわめて弱くこれまで何度もかぶれている私、かぶれないかと戦々恐々の毎日だった。まったくかぶれない体質の学生が腕にたっぷりと漆液を塗りつけたのにも驚いた。日本のウルシの成分はウルシオール、ビルマウルシはチチオールとされ、成分がちがう。幸いかぶれなかったので、かぶれ方のちがいは確認できなかった。

17 スマトラ、クルイのフタバガキ科樹木（ダマール・マタクチン）

ダマール（樹脂・レジン）採取

インドネシア、スマトラの南部、アンダマン海側のベンクーレン（ベンクル）の南にある小さな漁港クルイ(Krui) へ行ったのは一九九五年三月のこと。スマトラ南部のパレンバンから入った。こんなところへ行ったのは、ここに住民が作り上げたフタバガキ科樹木のダマール・マタクチン（*Shorea javanica*）の林があり、それからダマール・マタクチンと呼ばれる樹脂を採り、その林内で多様な果樹を栽培するアグロフォレストリーの実際例があると知ったからである。報告した論文の著者の一人、国際アグロフォレストリーセンター・ボゴール支所の研究員フォレスタ博士が案内してくれた。

海岸沿いの平野部は水田、その先の丘陵にはこんもりした森林が繋がるが、熱帯林にあるはずのポツンととび出る突出木がない。西日本のシイ林あるいは沖縄のイタジイのように樹冠が連続していた。均一な樹形から同一樹種だとわかる。のどかな田園地帯で、ココヤシがなければ日本の農村の風景のようだ。しかし、中に入ってみると、大きさが揃っているなど天然林とのちがいはあるのだが、熱帯ジャングルの景観だった。ここには二〇〇一年一一月、国際緑化推進センターの仲健三さんらとスマトラ南端のランプンからも入っている。

17-1 水田の奥に広がるダマール・マタクチン林（スマトラ、クチン）

ダマール（Damar）とはインドネシア語で樹脂（レジン）のこと、マタクチンとはネコの眼ということ。樹脂が黄色・金色にみえるからだろう。ダマールとは馴染みのない名前だが、塗料、リノリウム、インク、薬品に加工・利用され、日本にも輸入されている。

この森林の立木密度はhaあたり二四九本、出現（植栽）樹種は三九種。ダマール・マタクチンの巨木の樹幹にはどれにも縦に一定間隔で一辺がほぼ一五cmの丸い、あるいは正三角の穴があけられている。中をのぞくと、穴の上には半透明の樹脂が垂れ下がっている。穴は樹脂を採取するため、そして上へ登るための梯子の役目をしている。植栽後一六～二〇年、直径二五～三〇cmに達すると樹脂採取を始め、その後三〇～五〇年間が最盛期、一〇〇年間は収穫できるという。樹脂採取の穴は初め高さ五〇cmのところにあけ、三～六ヵ月後にその上五〇cmのところに、そのあともほぼ同間隔で穴をあけていく。下から上まで三〇個並んでいるものもある。樹木が大きくなれば反対側にも穴をあけるので、大木では三列にもなる。

まちがいなく人工林

樹脂は半透明だといったが、時に鮮やかな黄色や緑色がある。樹脂がこんな色になるはずがない。泥棒よけに着色しているのだという。樹脂の採取は一ヵ月ごとが普通だと聞いていたが、実際には二週間ごとにしている。その理由も泥棒だ。村から離れているところでは、採取間隔が長いと盗まれてしまうこともあるのだという。

樹脂の生産量は一本あたり月四～五kg、年約五〇kgだといっていた。収穫にはラタンでつくったアンボンと呼ぶベルトをもって登り、これを輪にして幹に固定し、両手を放してT字型のカパックという道具で樹脂をたたき、採れたものをビンロウジュの葉柄で作ったタンビルンという籠に入れていた。

この林内の下層木がドリアン、ズク、トゲバンレイシ、マンゴスチンなどの果樹、チョウジ、グネモンノキ（グネツム）、ネジレフサマメ、ジリンマメなどの樹木野菜・香料作物だった。果樹園であるともいえる。

ここでの造林法は天然林を伐採した後、まず火入れ、地拵えする。一年目に陸稲（オカボ）、イモ、トウガラシなど畑作物、二年目にコーヒー・コショウの苗を植える。三～

17-2 ダマールマタクチン林

17-3 樹脂の採取

八年目にダマール・マタクチンを植え、その列間にズク、ドリアンなど果樹、チョウジ、ネジレフサマメなどを植え込む、八～二五年目には、コーヒー・コショウの収穫は減るが、ズクやドリアンの収穫が始まる。二〇～二五年目以降、ダマール・マタクチンからの樹脂の収穫が始まる。多様な樹種からなる森林をつくるのである。

収穫された樹脂は多くは透明、あるいは白っぽい。輸出向けのものは一〇～一五cmの大きな塊状のもの、小粒なものは国内向けだといっていた。訪れた小さな村パムンガンでは樹脂は仲買人のところへ持っていく。当時、買い取り価格は一kgが一、二〇〇ルピア（一円は八〇ルピア）だといっていた。それでも最盛期には四、五日で五tもの樹脂が持ち込まれるという。インドネシアで採取されるダマールの八〇%、推定一万tがこの地域で生産されている。

この森林を歩いていると、かなりのジャングルに入り込んだ気がする。あちこちイノシシが掘り返した痕があり、サルもいる。天然林にも似た森林が多様な哺乳類の生息場所にもなっているらしく、ヒヨケザル、センザンコウ、コウモリやネズミ類など四六種が確認されたという。このうち二八種が、インドネシアの法律で狩猟が禁止されているか、取引が禁止されている。ダマール・マタクチン林が哺乳類の生息場所にもなっているのだが、哺乳類以外の動物にとっても多様性の維持に役立っているにちがいない。ダマール・マタクチンも果樹も人が植えたもの、所有者がいるはずだが境界がはっきりしない。どこが境界だ、と聞いたら、一本のビンロウジュ（*Areca catechu*）を指さし、ここだと教えてくれた。ビンロウジュ以外にも、スンカイ（ヌルデモドキ）、タケなど、目立つ樹木、他にないものを目印として植えているという。

人工林造成の伝統

フタバガキ科樹種ダマール・マタクチン林の造成、そこからの樹脂の生産と、混植した多様な果樹や樹木野菜樹種からのフルーツや樹木野菜の生産は、クルイでの森林再生と山村社会の維持に大きな役割を果たしている。永続的な収入が期待できるアグロフォレストリーだと思う。私が訪れたのはクルイ付近だけであるが、海岸沿いにこのような森林が二〇〇kmも続き、すでに二〇〇年の歴史がある。フタバガキ科樹種の結実、いわゆる一斉開花は数年～一〇年に一度、種子はすぐに発芽能力を失い、冷蔵保存できないなど、この樹木の人工林造成は困難だとされてきたのに、住民が作り出した人工林があり、その技術をもっていることに改めて感動した。

17－4　樹脂採取の穴が樹上まで続く

すばらしいと感動しながら歩いていると、ダマール・マタクチンの大木が山挽きされている。丸太で運び出すのでなく、大きな二人挽きのノコギリで板にして運び出すのである。樹脂の出が悪くなれば、伐採し用材として利用できることも利点の一つだ。ベニア・プライウッドに適したものでもある。時に低迷する樹脂の価格に、木材としての販売の話に引かれ伐採してしまう農民も出始めている。本数が少なければ山挽きし、板にして担いで運び出すのだが、まとまった面積ならチェンソー・ブルドーザーの出番になる。有用な木材なのだから伐採は当然のことだが、やはり伐採跡地をみるのは心が痛む。伐採後、もう一度ダマール・マタクチン林を造成してくれることを祈った。

クルイは小さな町だがホテルは二軒あった。一泊七〇〇〇円と一、〇〇〇円、奮発して高い方にしたのだが、部屋には甕に貯めた水があるだけ、しかも内側には藻がはえていた。ガラス窓は閉まらず隙間があいている。調査中は雨が多く、部屋に吊るしたタオルが渇かずにすぐに黒いカビがはえてくる。布団がじっとりと湿っていて冷たい。昔の山小屋を思い出した。「冷たい布団も気持ちいいぞ」と同行の学生に強がってみたものの、やはり、パリッと乾いたシーツで寝たかった。

18 新潟県山北町の焼畑林業（切替畑・木場作）

切替畑・木場作はタウンヤ法と同じ

熱帯造林の一つタウンヤ法は樹木の植栽（播種）と同時に、その列間でオカボ・トウモロコシなどの作物を栽培し、樹木が大きくなり被陰で作物の収量が減少すれば、その後は樹木の保育のみを行い最終的には人工林を造成するものである。熱帯の発展途上国では主としてこの方法で人工林造成していることはすでに述べた。この方法こそ、日本でいう切替畑・木場作そのものである。

日本の有名林業地はその歴史をたどれば、切替畑・木場作にたどりつくとは知っていたが、農作物栽培が主目的の焼畑自体が、九州椎葉や白山山麓にわずかに残っているだけ、人工林造成が目的の切替畑・木場作はもう消滅しているのだろうと、東南アジアのタウンヤ法ばかり調べていた。そこへ山形大学農学部の故北村昌美教授から、新潟・山形県境の新潟県山北町でまだ切替畑・木場作が残っていると聞き、一九八三年八月、調査に同行していただき、その後、切替畑・木場作の実態を一〇年に渡って調べた。

山北町の山間部にある山熊田、雷という集落では、お盆前に耕作・植栽予定地の火入れをする。お盆には親類縁者が戻ってくるので、それまでに火入れを終えておきたいこと、また夏の日照りで枝条が乾燥しよく燃えてくれることが理由だ。火入れの前には予定地や火入れ日を役場・消防署に届け出ることが義務づけられている。山火事でなく、管理のもとに行われる火入れであることを知らせるためである。これで私たちもどこで、いつ火入れが行われるかを知ることができる。

当日の火入れ見学を承諾していただき、予定日前の山

18－1 火線は上部から、水平に保たれる（新潟県山北町）

仕切り、すなわちよく燃えるように火入れ予定地の下草の刈り払い、枝条の天地返し、さらには周辺に飛び火しないように防火帯づくりなどを手伝った。当日は防火用の水タンクを背負って登った。しかし、火入れ日は天候に左右される。ある年など、滞在日を伸ばし火入れを待ったのだが天候不順でお盆前にはまったく火入れがなく、すごすごと引き上げたこともある。山熊田ではシナノキの樹皮を細く裂き、それを糸にして織ったシナ布がつくられていた。

火線は水平、上から下へ

スギ伐採跡地への火入れ・再造林をナギ、天然林・雑木林を伐採しての拡大造林をアラキとかアラシといっていたが、火入れ作業は数家族が共同で行う。地拵え（整地）したあと、くじ引きなどでほぼ均等な面積に山分けする。この整地で冬用の薪なども得られる。火入れは法的には日中とされているらしいが、実際には早朝、いわゆる凪の時刻に行う。これには暗い方が飛び火を確認しやすい、夜露のある方が火をコントロールしやすい、谷風のあるうちに斜面上部を燃やしたいといった理由がある。

火入れは印象深いものであった。早朝二時、真っ暗な中を出発。女性は頭巾をかぶり眼だけしかだしていない。東南アジアの少数民族の村へ来たような気分である。四時、現場に着き山の神に安全を祈願し、リーダーの山先から順にお神酒をのみ、斜面上部から火を入れ、火線をほぼ水平・等高線に並べる。火は上から下へ少しずつ降ろしていく。作業者はかならず火線の下側だ。上に取り残されれば危険である。燃え方の悪いところには燃えやすい枝条をつぎ込む。燃え残った太い枝などは集

18-2 灰が雪のよう

18−3 煙と湯けむりの中、赤カブの種を蒔く

めてさらに燃やす。これを「のづみ」といっていた。

火入れ終了後、まだもうもうと煙と湯気があがっている中で、なぎがま（くわ）で地表を掻きならしながら赤カブの種子を播く。発芽した後、込んでいるところを間引きする。のづみのあとには白い灰が貯まっているが、ここには次の春にスイカ・カボチャ、あるいは食用菊を植える。赤カブは一〇月初めから大きくなったものから収穫していく。伝統的には一年目はソバ・アワ・キビ、二年目はアワ・ダイズ・アズキ、三年目以降はアズキだったようだ。

しかし、現在では作目は大きく変り、一年目はもっぱら赤カブに特化している。この赤カブの漬物が温海蕪・無農薬蕪として好評で、大手デパートにも納入されている。しかし、赤カブは連作障害があるとされ、二年目はもっぱらアズキであった。そして、火入れ地にその年の秋、あるいは次の年の春にスギを植える。その後はスギの保育のみを行いスギ林を造成する。ここでのスギの植栽密度は二、五〇〇本／haで、標準より少ない。

耕作者・山林所有者双方に利点、増えない赤カブの生産量

火入れ地・カブ栽培には伐採跡地を借りる場合が多い。すなわち、山林所有者にとっては火入れ・赤カブ栽培を許可すれば地拵え費が節約でき、次年度の下刈経費も節約できる。苗木代・植栽費だけで造林ができるのである。借地料はとっていない。一方、耕作者は耕作地がなくても、土地を借りて赤カブ栽培ができる。その赤カブを隣の山形県温海温泉へも売っている。ここに加工場があり、温海蕪の名で出荷される。温海温泉の目玉のお土産である。赤カブの収量は約一〇t／haだという。それが一kgあたり一五〇円で売れ、また役場からの栽培奨

18-4 2年目、スギの中にアズキが蒔かれる

励金もあり、一六〇万円／haの収入になる。それも火入れ後はほとんど手をかけていない。耕作者にも山林所有者にも利点がある。赤カブを売っての利益もあるが、自家製の赤カブの漬物をつくるのも楽しみだ。

実際、お土産に買ってきた温海蕪の漬物はおいしい。ところがその赤カブの生産量は増えず減少傾向にある。つくれば売れるのに生産量が増えないとはどういうことだろう。赤カブは連作を嫌う。ということは同じ場所は使えない、毎年、場所を替えないといけないということである。その場所とは、スギの伐採跡地である。伐採跡地を借りて赤カブをつくってきたのである。経済不況での木材需要の低迷からスギが売れない、だから伐採しない。すなわち伐採跡地がない、赤カブを栽培する場所がないのである。このため、採草地や田畑周辺の斜面などわずかな場所に火入れをして赤カブを作っていた。焼畑での赤カブ、無農薬での赤カブのブランドにこだわったのである。

赤カブの漬物は岐阜の飛騨や滋賀の日野など各地にある。温海蕪もおそらく畑でもできるのであろう。それなら生産量は確保できるし増やせるかも知れない。しかしその場合、焼畑とか無農薬とかのラベルをはがすことになる。生産者にすればそれをしたくはないのだろう。

山北町の木場作・切替畑の調査を一区切り終えて、もう一〇年以上が経つ。林業不況は続いている。火入れは細々とでも続いているのだろうか、それとも畑作の赤カブともう置き換わっているのだろうか、もう一度行ってみたいところだ。

19 ゾウの学校

野生ゾウとの遭遇

野生のゾウをみたのは一九六三年、タイ北部のプークラドゥン（Phu Kradung）山（一三五〇m）に登ったときと、タイ中部のカオヤイ（Khao Yai）国立公園でのことだ。カオヤイは確実にゾウがみられるところである。夜の塩場に三七頭ものゾウが集まっているのをみたこともある。二〇一二年にはボルネオ、サバのキナバタンガン（Kinabatangan）河では子ゾウを含め数一〇頭の群れが川を渡るのをみた。一般にインドゾウといっているが、分布はインド、スリランカからインドシナ半島、マレー半島、スマトラ、ボルネオまで広く分布する。中国南部雲南省の西双版納タイ族自治区で溝に落ち助けられた子ゾウをみたこともある。インドゾウよりアジアゾウと呼ぶ方が適当のようだ。

アフリカゾウは雄雌ともキバをもち、アジアゾウは雄だけがキバをもつ。しかし、アジアゾウでも稀にキバをもたない雄、逆にキバをもつ雌もいる。タイでは前者をシードゥ、後者をカナーイという。もう一つの大きなちがいは、アジアゾウはヒトによくなつき、知能も高いということだ。有名なサーカスでもすべてアジアゾウである。アフリカゾウはヒトになつかず、訓練できないという。アジアゾウより大きく、これに抵抗されたら危ない。サーカスにも使役にも適さない、信頼がおけないとされる。アフリカにゾウに乗ってのトレッキングは聞いたことがない。

19-1 木材運搬の 訓練中（タイ、ガオー）

ゾウに乗ってのトレッキングができるところは、タイ北部のチエンマイやチエンダオ、あるいはアユタヤ、シャム湾沿いにあるワニ園、ローズガーデンなどたくさんある。乗ってみると思ったよりも背が高く、歩くと大きく揺れるが、鞍の上に箱型の椅子がついているので、しっかり掴んでいれば楽しい。しかし、鞍のついていない裸ゾウへ乗るのは怖い。もちろんゾウ使いが乗っているのだが、彼にしがみつくしかない。インド、ラオス、ミャンマー、インドネシアのスマトラで裸ゾウに乗せられたが、いずれも大きなゾウで怖かった。「乗った」といわないで、「乗せられた」というのは、いやいや乗ったということだ。観光でなく調査のための移動だったので、乗らなければ置いて行かれたのである。

ゾウの学校

タイ北部の古都ランパンの近くのガオー（Ngao）にかつてゾウ訓練センターがあった。タイ国森林産業機構が管轄する公立のゾウの学校で創設は一九六八年、当時はYoung Elephant Training Centerとされていた。一九九二年、現在のトゥンクイアン（TunKwian）に移転し、Elephant Conservation Centerと改称されている。ここには付属病院もあり、地雷を踏んだゾウを治療し、義足をつけたことでも知られている。

ゾウの学校の設立目的はあくまでゾウに木材の運び方を教えることである。林道もトラックもない時代から、この地域特産のチーク材を伐採現場から筏に組める川まで運んだのである。チーク材伐採の最盛期にはタイだけで五万頭ものゾウが使われていたとされる。各地で個別に行われていた訓練をここですることにしたのである。

学校には、三歳の若いゾウが入学し一二歳まで九年間在学する。入学すると、それぞれトレーナーが決められる。お互いの気心が通じていないと仕事にならないらしい。日頃の訓練を見学させてもらった時のメモをみると、ゾウ二頭横に並ぶ：広い道を予想、二

19-2 実際の作業中（チーク丸太を引っ張る）（タイ、チェンマイ）

19-3 キナバタンガン河を渡る群れ（サバ、キナバタンガン）

頭縦一列：狭い道で木材運ぶ、一頭が前、もう一頭は丸太の横：曲がった道で運ぶ、雄はキバ雌は鼻で丸太を転がす、雄はキバで丸太を持ち上げ積み上げる、大きな丸太は雄二頭が丸太の両端を鼻またはキバでもち上げ運ぶ、とある。みていて感心するほど、それは上手な作業であった。

卒業式にはお坊さんが来て祝福してくれる。さすが仏教国である。卒業と同時にタイ北部にあるチークの伐採現場へトレーナーと一緒に赴任する。卒業までに四〇くらいの言葉を理解できるようになるが、トレーナーは耳の後ろに乗り、脚で作業の合図をしている。これで意志が通じている。

実際の作業現場をみたことがある。伐採現場で切り株はあるし、地形もでこぼこしている。そこで大きなチークの丸太を引張っていたが、地表の抵抗は大きく、丸太はびくとも動かない。ゾウが大きく悲鳴をあげていた。ところがタイではその後、森林伐採が禁止され、ゾウの仕事がなくなった。一九九九年、ゴールデン・トライアングルのミャンマー国境に近いメーサリアンからメーホンソンへの国道で三〇頭以上のゾウが一列になって歩いているのに出くわした。森林伐採の進むミャンマーへ出稼ぎに行くところだと聞いた。

エレファント・ショウ（Elephant show）

チェンマイやチェンダオではElephant showとされている。あくまでショウだ。ハーモニカを吹いたり、絵を描いたり、ツイストを踊ったり、サッカーをしたりする。ここでは丸太運びでなく、ヒトを鼻の上に乗せ運んだりする。観光客はバナナやサトウキビ、あるいはお金を与え、ゾウに乗ってのトレッキングをする。

ゾウは確かに賢いが、私は全幅の信頼をおいていない。それはある時のショウで後ろの方に座ってみていたとき、最前列の子どもがバナナを振り回した。それをみた一頭のゾウがバナナが欲しくて観客席まで突進してきた。ゾウ使いが手に持っていた鳶口で必死に叩いたが止まらない。大きな悲鳴があがり、将棋倒しになった人が私の上に何人も重なってきた。また、カオヤイ国立公園で野生ゾウが斜面を滑り落ちた痕をみたことがある。ゾウも道を踏み外す。崖の横の細い道を内股で歩くゾウの背中でこんなことを思い出していては楽しいトレッキングにはならない。

19-4 ミャンマーへ出稼ぎに向かう（タイ、メーホンソン）

バンコク市内でもゾウが交通渋滞を起している。このゾウのお腹の下を三回右回りにくぐると安産になるとされ、女性がくぐっている。これは釈迦の母親であるマヤ夫人の夢の中に白ゾウが現れ、右に三回廻ったあと胎内に入りシッダルタ王子、のち釈迦が誕生したとされる話に基づくものだ。また、タイ東北部のスーリンのゾウ祭りなど各地にゾウが主役のイベントがある。タイではどこでもゾウをみることができる。

しかし、一九九二年の統計ではタイの野生ゾウはわずか一、九七五頭、飼育されているものが二、九三七頭とされている。野生ゾウの数も正確に把握されているのだろうか。ミャンマーの一九九五年の森林統計では国有のゾウが一、六〇五頭、民間から借りているものが一、一八六頭とされている。ここではチーク材の搬出に使われているのであろう。

ゾウのしっぽの先端には横向きに長さ一〇cmほどの毛が房状に生えている。この毛は曲げても折れずに元に戻る。すべての災難を跳ね返すとされ、この毛を包んだ指輪や腕輪がつくられ、幸運のお守りとされる。一九六〇年代にはバンコクのアクセサリー売り場でよく売られていたのだが、現在では探さないとみつからない。しかし、ミャンマーにはまだたくさんあった。値段は一ドル。一九六三年に買った指輪は、東南アジアへ行くときは今も私の指にはめられている。

20 サルの大学

ココナッツ採り

　ココヤシの幹の直径は五〇～八〇㎝、高さも三〇ｍに達する。私たちのもつヤシ（椰子）のイメージ通りの枝のないまっすぐな樹幹の先端に七ｍにもなる大きな葉を傘状にひろげ、その葉の付け根にヤシの実（ココナッツ）をつける。花が咲いてから果実が熟すまで一年半もかかるというが、年に四～五房の花をつけ、それぞれ一五～二〇個の実をつける。すなわち、年に六〇～七〇個の実が次々と、それも五〇年間も採れる。実は大きなものでは三・五kgにもなる。落ちてきて当たれば即死だ。ココヤシ林に入るとき、またココヤシの下を通るときは要注意だ。

　熱帯ではココヤシは最も重要な樹木の一つだ。果穂を切ると樹液が出てくる。これをタケ筒などで受け、発酵させるとヤシ酒、煮詰めるとヤシ糖ができる。未熟のものはココナッツ・ジュースとして呑む。この堅く厚い果皮を通ってくる細菌はいない。もっとも安心できる飲み物だ。熟すと胚乳が厚くなる。これをつぶしたものがココナッツ・ミルク、日常の料理に必須のものだ。乾燥させたものがコプラ、食品・石鹸原料などとして輸出される。幹はそのまま柱材、また板にして建築に使い、葉は編んでマットやデコレーションに使うなど多様な用途がある。それだけにココヤシがあればそこに人家がある。ココヤシはヒトの声がしないと育たないともいわれる。

20-1 果皮をとると現れるサルの顔

　しかし、このココヤシへ登って実を落すのはたいへんだ。多くは幹に一定間隔で窪み・ステップが作ってある。タケ製の一本梯子を取りつけたところもある。スリランカではココヤシの先端近くに上下二本のロープを渡し、上のロープにつかまりながら下のロープを歩けるように縦横にロープを張り巡らせているところもあった。下りてきては次のココヤシへ登って行くのもたいへんだが、ロープの信頼性がないとても渡る気がしない。

サルの大学

タイの半島部、港町のスラタニーの近くカンチャナディットというところにサルの大学がある。ゲートに「Monkey college」と書かれている。創立は一九六九年、危険なココナッツ採りを木登り上手のサルに教える学校である。サルはあちこちにいるカニクイザルでなく、やや大型のブタオザルである。文字通り尻尾が短く、ブタのように巻いている。ブタオザルはヒトによく馴れ、長時間、あきずによく働くという。この学校の存在は知っていたのだが、一九九一年森林調査のためマレーシアに近いナコンシータマラートまで行った帰りにやっと訪ねることができた。営林署から連絡してもらっていたので、夕方なのに私たちを待っていてくれ、授業も参観させてくれた。

20-2 ブタオザル（タイ、カオヤイ）

ここには野生の一〜三歳の子ザルが入学する。授業は朝三〇分、午後三〇分だけだが、三ヵ月でヤシの実採りができるようになるという。とはいえ、サルにも個性があり、覚えにもかなりの差があるようだ。授業内容としては、一ヵ月目、未熟の実ではなく黄色くなった実だけで遊ばせる。野生のサルは果柄を噛み切るだけだが、ここではくるくる廻してねじ切ることを教える。掛け声は「アゥ（廻せ・捻じれ）」だけだ。二ヵ月に入ると地面の上でヤシの実を廻し、さらには実を持ち上げて廻すことを教える。三ヵ月目、木箱の中にヤシの実を固定し、これを廻して切り離すことを教える。この頃になると調教の先生の肩の上に乗れるようになる。

三ヵ月で下からの掛け声や首に掛けられた紐の引っ張り方で指示を受けながら一日に六〇〇〜七〇〇個もの実を落すことができるようになる。同時に、腐った実など

20–3 ソンポン校長と生徒

も落すし、川に落ちてしまった実も泳いで拾ってくるようにする。実を落した後、下りてきて隣のココヤシへ登っていては時間がもったいない。すなわち、梢から梢へ飛び移れるように訓練する。サルにとっては簡単なことだ。これができると、一日に一、〇〇〇〜一、五〇〇個もの実が落せるという。

本当に賢い？

これだけ賢いサルだが、首には紐がつけられている。これで下から作業の手順を伝えるということだ。しかし、梢から梢へ飛び移るときに、稀に紐がヤシの葉にからみ宙吊りになってしまうことがある。人が助けようとしても、葉の先では助けようがない。こんな緊急事態になったときには、脱出のための方法を教えている。下から「ガット（噛め）」という指令をだすと、紐を噛み切って下りてくる。これ以外にも三〇語くらいは理解できるらしい。

ヤシの実採りのほかに、落したヤシの実を先を尖らせた鉄棒に打ち付け、核だけを取り出す仕事では、隣にいて次々とヤシの実を手渡してくれる。自分の子どもより余程頼りになるといっていた。仕事の行き帰りはバイクだ。サルは後ろのシートに立って乗るが、二人乗りのときはここを譲り、前の荷物入れの中に入る。ここに荷物があると、ハンドルの上だ。食事のときも、「食べていい」というまでじっと待っているという。こんな優等生ばかりだとは思えないが、参観しての印象はみんな優等生だった。

一九九一年の時点ですでに卒業生は一、〇〇〇頭を超えているといっていた。各地で働いているということだが、先生のいうことはよく聞いても、卒業したら買い取られ、知らない飼い主のところで働くことになる。そこでもいわれた通り勤勉なのだろうか？　参観の後、何か質問はないかといわれたので、「賢いというが、噛めといわれる前に、自分で噛み切って逃げた奴はいないのか」と聞いたら、そんな質問は初めてだと、ちょっとご立腹だった。

ボタニカル・モンキー

この木登り上手のサルを熱帯植物研究に使った人がいる。戦時中、シンガポール植物園にいたコーナー（E. J. H. Corner）博士である。コタバルでヤシの実採りの訓練を受けたブタオザルを買いとり、とても手の届かない高い樹木の花や葉を採ってもらったのである。幹についているランなど着生植物の採取にも大いに貢献したという。このことは『ボタニカル・モンキー』（大場秀章訳 八坂書房 1996）に詳しい。

20-4 著者の肩にのったブタオザル（タイ、カンチャナディット）

スマトラ中部のジャンビのガジャマダ大学演習林で森林調査をしていた大学院生の加藤剛君は、樹木の同定に苦労していた。根元を鉈ではつっての切り口の色や樹液の出方だけではとても無理。やはり葉や果実が欲しいが、葉ははるか樹上に着いているので、登ることもできない。パチンコで小石を飛ばし葉を落としていたが、ほとんどは空をきるばかり。たまに葉が落ちてくると必死で追いかけていた。

そこへ訓練を受けたサルの入手の話がつきそうだと知らせてきた。樹木の同定が進み、研究がはかどることを期待したのだが、結局、この話は不調に終わった。一方で、来てくれたサルが、そんなに簡単に命令に従うのだろうか。「噛め」といわれる前に紐を噛み切って逃げる賢い奴もいるのではないか、という私の疑問は未解決のままだ。

それでも、ココナッツ採りや熱帯植物研究にブタオザルの力を借りているというのは本当の、また愉快な事実だ。研究論文の謝辞にはおそらくブタオザルの名が記されているのだろう。

21 タイ北部のアセンヤクノキと阿仙薬

キンマ・ビンロウ（ベテル・チューイング）

タイ北部の市場にテニスボール大の真っ黒い球が売られていた。聞くとシーシエット（阿仙薬）、キンマに混ぜるものだという。キンマ（蒟醤）・ビンロウ（檳榔）（ベテル・チューイング）はご存じだろうか。チューインガムのように噛むがビンロウの赤い汁が出てくるので、まっ赤なつばをあたりかまわず吐きだす。血を吐いたようで気味が悪いし、お歯黒のように口や歯が赤くなるのもあまりいい感じはしない。しかし、東南アジアや南アジアなどではこれの愛好者・中毒者が多い。いずれの国でも昔にくらべ愛好者は急速に減っているように思うが、それでもミャンマーが一番、ついで台湾が多いように思う。

　台湾中部の埔里・日月潭にもビンロウ林が多く、主要幹線道路沿いにはネオンの輝く派手な檳榔店があり、ショートパンツにタンクトップ、時には水着の若いビンロウ娘（檳榔西施）が客寄せをしていた。キンマに覚醒効果があり、運転手の需要が多いのだと聞いた。タイやミャンマーでは路地で売っているのとは大きくちがった。日本ではよくキンマというが、これはタイ語のキン（食べる）・マーク（ビンロウ）をそのまま使っている。

　私自身はインドのコルカタでレストランに入ったとき、料理についてきたキンマを噛んでみたことはあるが、甘いような渋いような味だった。ある事典には「麻酔的な爽快感が得られる」「軽い興奮、酩酊状態が得られる」とあったが、よくわからない表現だ。二〇一五年六月、「自然と緑」のミャンマーへの自然・文化研修旅

21-1 キンマの葉

行では、勇気のある女性数人が街角の汚いキンマ売りに調合してもらい挑戦していた。「中毒になるぞ」と脅かしたのだが、たった一回で中毒になるはずはない。しかし、タバコと同様、習慣性・中毒になることは確かで、口腔癌の原因にもなると聞いている。このベテル・チューイングはパキスタン・インドから南太平洋・台湾まで広くみられる。日本では一般に「キンマを噛む」、あるいは「ビンロウを噛む」といっているが、キンマとビンロウ、両方が主役だ。

コショウの仲間キンマ（*Piper betle*）の生の葉に溶いた石灰、ヤシの仲間のビンロウ（ビンロウジュ）（*Areca catechu*）の未熟の果実の胚乳を刻んで混ぜ噛むもので、英語ではベテル・チューイングという。地域により、また好みにより、さらにタバコ、カルダモン、チョウジ、そしてタイやミャンマーでは阿仙薬などが加えられる。日常生活での嗜好品としてだけでなく、宗教儀礼・村落の寄合などでも振舞われるようだ。これらを調合する材料の入れ物にもこだわり、銀器・漆器の精巧なものもある。

21-2 アセンヤクノキ林（タイ、ランパン）

バンコクのワット・プラケオにはタイ王室のすばらしい銀器があった。茶器や香合のキンマ（蒟醤）ももともとタイやミャンマーで、タケでかたちをつくりその上に漆を塗り、彫刻をした藍胎漆器で江戸時代に「蒟醤手」として輸入されもてはやされたもので、その技法は高松漆器に引き継がれている。

シー・シェット（阿仙薬）

ベテル・チューイングに使われる阿仙薬と結びついたアセンヤク林をタイ北部ランパンへ一九九〇年と一

九九一年の二回調べに行った。アセンヤクノキ（ペグノキ）(*Acacia catechu*) はタイ名シーシエット、インドからミャンマー・タイにかけての乾燥地と東アフリカに分布するマメ科の落葉性小高木で、小枝に鋭い棘がある。純林状のところでは、アセンヤクノキの直径五〜二一cmのものが七二五本／ha、そこに稚樹が八、五七五本／haあった。一方、パイナップル栽培放棄地や天水田放棄地など他の樹木やタケと混交しているところでは立木本数は八〇〇〜一、七〇〇本、このうちアセンヤクノキが四二五〜五五〇本あったが、稚樹はわずか五〇〜一七五本／haと少なかった。

毎年、乾季には野火が入り樹上の葉は燃え落ちてしまうが、枯れることはない。野火の侵入によって落下種子の発芽がよくなるという。天然更新は容易なので、大きなものから適度に間引いていけば、持続的な森林の維持と阿仙薬生産が期待できる。

アセンヤクノキの心材を刻み大鍋に入れて数時間煮詰める。辺材・樹皮は燃料である。煮だした液を小さな鍋に移し、さらに煮詰める。阿仙薬がほぼ固形になるまで煮詰めたあと、木製の箱に入れて冷ます。阿仙薬は黒いゴム質状で、素手でおにぎりをつくるように丸め、これをバナナの葉の上にのせ乾燥させる。阿仙薬つくりは乾季の一二月から一月のやや気温の低い時期で、それも作業は気温の下がる夜から明け方までで行う。日中では固まらないという。

製品にはこのボールのようなものと、ウェーンと呼ばれるコイン状のものがあった。コイン状のものはボール状のものをもう一度煮て柔らかくし、タケノコの皮の上にリングをおき、その中にこの阿仙薬を指で少しずつ入れ固まらせたものだ。阿仙薬の庭先価格は調査した一九九〇年当時で一kgが三〇バーツ（約一五〇円）。市場ではボール一個が一〇バーツ、コインタイプのものは五個で一〇バーツだった。

消えるかアセンヤク林と阿仙薬生産技術

私たちにはなじみのない阿仙薬だが、タイ（当時はシャム）のアユタヤ王朝時代、タイから明（中国）への主要な輸出品は蘇木（蘇芳）、象牙、胡椒、沈香、そしてこの児茶（阿仙薬）であったとされる。マレー半島やスマトラからの、アカネ科のガンビールノキ（*Uncaria gumbir*）から得られる阿仙薬（ガンビール阿仙薬）と区別してペグ阿仙薬と呼んでいたようである。ペグとはヤンゴンの北にある今のバゴのことである。ペグノキという和名もここからきている。

実際、ミャンマーのバガンやマンダレーなどの中央乾燥地にはアセンヤクノキが多い。ミャンマーの林業統計には阿仙薬が主要な林産物にリストされている。タイと同様に現在でも生産している村落があるはずだ、調べてみたい。しかし、ヤンゴンやバガンの市場にキンマの葉やビンロウの実はたくさん売っていたものの、この阿仙薬はみなかった。

21-3 市場で売られる阿仙薬（ボール）（タイ、チェンマイ）

アセンヤクノキの心材から抽出される阿仙薬のタンニンには、収斂作用があり、咳や痰、鼻血などの出血にも効果があるとされる。私たちにはなじみがないといったが、仁丹、正露丸などにも生薬の一つとして入っている。

しかし、タイの市場で阿仙薬のボールやコインが売られているとはいえ、キンマ・ビンロウ（ベテル・チューイング）を噛む人は急速に減っている。とくに若者はもう好まない。一方、ケシ栽培・アヘン生産禁止が徹底され、少数山岳民族の間ではアヘンの代わりにキンマを噛む人が多くなったというが、消費量は知れているだろう。

タイでは、阿仙薬はベテル・チューイング以外に家屋外壁への塗料と薬用での利用があるというが、タイ北部での阿仙薬生産は価格の下落により低迷し、アセンヤク林も急速にパイナップル畑に置き換わっている。アセンヤク林の管理、阿仙薬づくりで培われてきた知識・技術はいずれ消えてしまうのかも知れない。

5 ▼ 赤道をまたぐ

私は北緯35度にある京都市に住んでいるが、赤道を越えるということに、今でもある種の興奮を覚える。初めて赤道を越えたのは、インドネシアに行った１９８４年のことだ。その後、何度もインドネシアに行くことになるのだが、ガルーダ・インドネシア航空に乗ると、東のイリアンジャヤから西のスマトラまでのインドネシアの地図の入った赤道通過証明書のシールをくれた。うれしがって、目立つところへ貼っていた。最近はくれなくなったようだ。

インドネシアでの調査では同行の学生に「まもなく赤道を越える、海の上に赤い線がみえるはずだ、写真を撮っておけ」と冗談をいっていた。「雲が多くてはっきりみえませんでした」と残念がる学生もいた。

京都のある北緯35度線をたどっていくと、中国・崑崙山脈、アフガニスタンのカブール、地中海キプロス、クレタ島、そしてアフリカ大陸北端のチュニジア、アルジェリアを横切る。モロッコのカサブランカも近い。アフリカはもっと南と思っている方も多いが、北端は京都と同緯度だ。さらに西へ回れば、北米大陸のオクラホマシティ、ラスベガスなどを通る。

同様に赤道をたどると、これを避けるかのように、赤道直下に大都市が少ない。アフリカ、ガボンの首都リーブルビル、ウガンダの首都カンパラ、ケニアの首都ナイロビ、南アメリカ、エクアドルの首都キト、シンガポールくらいだろう。

インドネシア、西カリマンタン、ポンティアナックの赤道標

私は2度、赤道を歩いてまたいでいる。ボルネオ島の南側、インドネシア領西カリマンタンの州都ポンティアナックだ。ここには市内に赤道が通っており、大きなゲート状の標柱がある。ここにあるタンジュンプラ大学農学部を訪ねたあと、ラタンやフタバガキ科樹木の種子からの油脂（イリッペナッツ・オイル）の生産の実態を見て回ったのだが、チャーターした車は朝夕この赤道の標柱をくぐった。

こぼれ話

もう1回はケニア、ビクトリア湖畔のキスムだ。ナイロビにある国際アグロフォレストリー研究センター（ＷＡＣ）の理事会に出席したとき、キスムにあるアグロフォレストリー試験地の見学に行った。まったく予備知識なしの訪問であったが、ビクトリア湖の水に触れたことにも感激した。街を走っているとき、運転手が「まもなく面白いことがあります」という。何のことかと思っていると、丸い地球儀が道路わきに立っている。赤道の標識である。これをくぐって南半球から北半球へ、そしてまた南半球へ戻った。簡単に世界を飛び回れるようになった今の時代、そんな感動はもうないのかもしれない。

ケニア、ビクトリア湖畔キスムの赤道標

22 ミミズの土壌耕耘量

チャールス・ダーウィン（Charles Darwin）

ミミズは土の中に生息し、土を食べて土を動かし、腐った根・枯れた葉と混合・撹拌することで、肥えた土づくりに大きく貢献している。ミミズが土づくりをしていることはたいていの人が知っている。とはいえ、どのくらいの量の土を動かしているのだろう。私が確かめたかった研究テーマの一つだ。しかし、どうやって調べればいいのか。ここでチャールス・ダーウィンが登場する。『種の起源』の著者、進化論のダーウィンである。ダーウィンはビーグル号での世界一周から戻ったあと、進化についての思考を続けながら、ミミズの研究を続けた。ミミズ研究者でもあったのだ。死の前年、『ミミズによる栽培土壌の形成』(1881) を出版する。この本はのちに平凡社から私の和訳によって『ミミズと土』(1994) として出版された。

22-1 チャールス・ダーウィン（自然史博物館、ロンドン）

ダーウィンはミミズの土壌耕耘を二つの方法で確かめた。まず、自分で地表に白亜を播きそれが沈んでいく様子を調べた。ミミズは食べた土を糞として地表に排出する。白亜があればその上にも排泄するので、白亜は次第に沈んで行くことになる。二九年後に掘ってみると白い白亜が一八cmの深さのところにあった。毎年〇・六cmずつ沈んだことになる。白亜の上にのっている土はすべて細かい土、すなわちミミズが食べたもので、呑みこめない大きな粒の砂は入っていなかった。

もう一つが、地表に排出されるミミズの糞を一年間回収する方法である。ミミズはヨーロッパにいるオウシュウツリミミズ（*Lumbricuss terrestris*）で、裸地などに生息し、糞塊を地表に排泄する習性がある。といっても、回収作業そのものはダーウィンが信頼する夫人がやっていたのだが、その結果は一・九kgと四・〇〇kg／m²（一九t／haと四〇t／ha）であった。ミミズによって動かされる土の量を初めて数値で示したのである。

このことから、ダーウィンは現在植物が育っている土、作物が栽培されている土はすべてミミズの体を数年ごとに通過し、これからも通過する、すなわち「鋤は人類が発明したものの中でもっとも古く、もっとも価値あるものの一つだが、人類が出現し農耕を始めるはるか以前から土はミミズによってきちんと耕され、現在も耕され続けている」と述べている。骨格をもたないミミズの化石は残らないのだが、ミミズが這った痕跡が四億、あるいは一二億年前の地層から発見されている。それ以来、ミミズはずっと土を耕し続けている。農耕の起源など、せいぜい数千年のことだ。

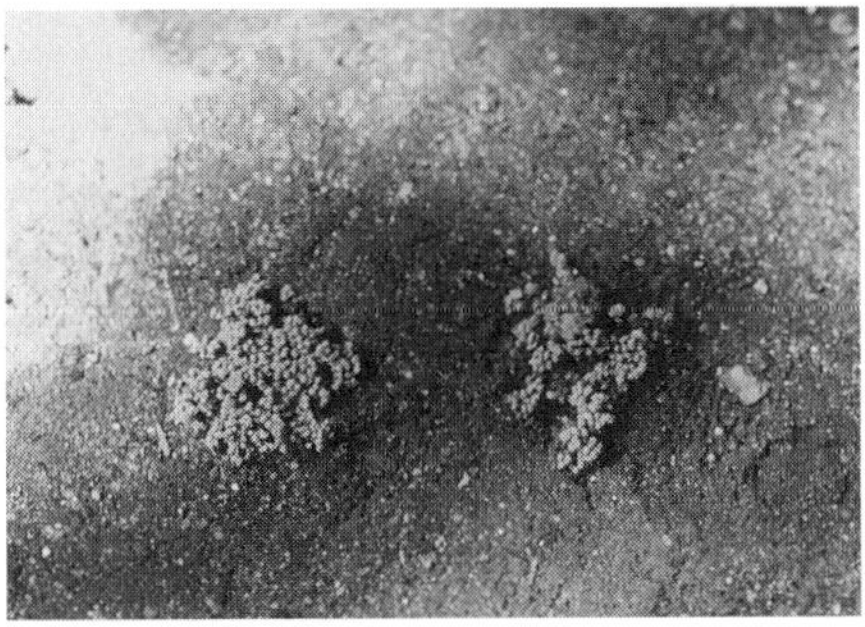
22-2 クソミミズ糞粒

草地のクソミミズ

京都の草地でフトミミズ科のクソミミズ（*Pheretima hupeiensis*）が糞粒を地表にだしていることを知り、ダーウィンと同じように糞粒を回収することでミミズの土壌耕耘量が数値で示せると思った。クソミミズはゴルフ場、芝生、さらには都市域の道路わきなど明るい場所に好んで生息し、仁丹くらいの糞粒をトンネルの出口から積み上げる。クソミミズの新種記載は中国河北省のミミズでされており、日本のものもあるいは外来種ではないかとも考えられている。草地にたくさんの糞粒があるのを確認し、一九六八年の春、一〇個の方形区（プロット）を設定し、ほぼ毎日、排出された糞粒を回収した。といっても、糞粒が排出されたのは四～一〇月である。

その量は三・八kg／㎡（三八t／ha）で、容積で三・一ℓ、容積重から土壌三・一㎜の厚さになる、これだけの新しい土の層をつくったことになる。

数値で示したといったが、これは最低値である。ミミズは食べた土をすべて地表に出すわけではない。トンネル内に塗りつける、あるいは隙間に残すなどしている。深底シャーレで飼育してみて、土の中にたくさんの糞粒が残されていることも確認した。ほぼ毎日回収したといったが、糞粒は強い日射で乾燥し、また雨にあたって簡単に崩れる。実際の土壌排出量は測定値の数倍～一〇倍になるのではと思った。

このミミズは越年生で、真冬には深さ七〇㎝まで潜っていた。そこまでの往復で動かした量も入っていない。また、ここにはヒトツモンミミズやサクラミミズなど他のミミズもいたが、これらの種は糞塊を地表にはださない。ともかく、クソミミズだけで三・八kg／㎡もの土を動かし、三・一ℓの隙間をつくったこと、実際にはこの一〇倍になるのではと報告した。

タイ東北部の巨大なミミズの糞タワー

オウシュウツリミミズにしろクソミミズにしろ糞粒は仁丹のような小さな丸いものであるが、ダーウィンの著書の中に「煙突（タワー）状ミミズの糞塊」として直径四㎝、高さ二〇～二五㎝、重さ一・六kgにもなるインドのミミズの糞塊とされる絵が三つある。どうしてこんな糞塊になるのか気にはなっていた。

一九八〇年八月、タイ東北部のコンケン大学へ「焼畑が土壌に及ぼす影響調査」のため土壌動物研究に出かけているとき、ナンポンダムとその下流の灌漑水田をみに行った。そこに、灌木の生えた草原、ウシやスイギュウを放しておく草地に、ダーウィンの絵そっくりのミミズの糞タワーがによきによき立っているのをみつけた。

かんかん照りの中を歩き疲れていたのだが、それをみた瞬間興奮モードにかわり、カメラのシャッターを押した。最大のものは高さ三六㎝、重さ九六〇gもあった。我ながら余程うれしかったのだろう、『科学朝日』に投稿し、「巨大なミミズのふん　タイ東北部」として一九八二年一二月号に掲載された。小さな糞粒ではない、タケノコにも似た大きな糞塊だ。ミミズによる世界一の土壌耕耘量が示せる、ミミズの働きがもっとわかってもらえると思った。

一九八一年、前年よく糞塊のでていたところへ五m×五mのプロットを二つつくり、糞塊の出現を待った。雨季が始まり、雨が降ったのに、糞塊がでてこない。「場所をまちがえたかな」と思ったが、五月下旬になってたくさん出始めた。乾季が始まった一一月にもまだ少しでてきた。ここで月二回、糞塊を回収することにした。糞塊は平均七個／m²で、糞塊の先端からお尻をだし、糞を積み重ねていく。糞塊のまん中にトンネルがあり、ミミズが逆上がりをして糞を積み上げている。大きなもので体長三一cm、太さ一cm、重さ二八・八gでフトミミズ(*Pheretima*)属のものであったが、当時、種名は確定できなかった。このミミズは最近タイで新種として記載された*Amynthas thakhantho*だと思われる。

22-3 タイのタワー状のミミズの糞塊

ここでの糞塊生成量は一三・三kgと二二・五kg／m二であった。この値は表層土八・八〜一一・五ℓ、敷き詰めると〇・九〜一・五cmの厚さに相当する。これだけの深さの土を毎年、地表につくっていることになる。しかし、二週間に一回の回収では雨で崩れたものも多かったはずだ。実際にはこの値の五〜一〇倍の土を動かしていたのではと思った。一〇倍とすれば一三三kgと二二五kg／m二である。いずれにしても、ミミズが土づくりに多大な貢献していることは確かだ。

今でも、コンケンに半年滞在し、毎日ここでミミズの糞塊を回収し、世界一の値を出し、ミミズの働きに焦点を当てたいとの思いをもっている。

23 スマトラのアンソクコウノキ林と安息香

北スマトラ、タルトゥン

インドネシアのスマトラ島で安息香の生産をみたのは、まったくの偶然であった。一九八八年一一月のこと、当時、国費留学生として研究室に来ていたシブリン・パマサン（帰国後、ムラワルマン大学林学部教授）の故郷北スマトラを彼と一緒に訪ねた。州都メダンから風光明媚なトバ湖を越えて西へ、タパヌリ地方の中心地タルトゥンから、小さな町パンガリブアンを経て東に七〇kmにある山間の小さな村プルバトゥアである。車道はなく最後は車を捨てた後、二時間歩いた。

標高は約一、三〇〇m、赤道を越えて南半球まで分布するメルクシマツがあった。やっとたどりついた村は都市計画でもされたように道路の両側に整然と同じ大きさの家屋が並び、中央に尖塔をもった赤い屋根の教会が立っていた。こんなところに教会がと、キリスト教宣教師の行動力に驚いた。

23-1 スマトラアンソクコウノキ林（スマトラ、パンガリブアン）

電気も来ていない集落である。夜はまっ暗なのに、一軒の家屋から青白い人工の灯があり、人が集まっている。行ってみると、自動車のバッテリーを電源にして画面がちらちらするテレビをみていた。歓迎にイカン・マスと呼ばれるコイを焼いたもの、イカンマス・バカールをだされた。インドネシアではコイは田んぼや池でよく飼っている。ただし、でてきたコイの色は赤だった。昭和三色のような鮮やかな赤ではなく、緋色のものであるが、ヒゴイにはまちがいない。食べるのにちょっと躊躇するものであった。

アンソクコウノキ

次の日、村のまわりを歩いている時、突然、スコールが来た。あわてて作業小屋に逃げ込むと、いい香りがする。何の匂いだろうと梯子を登って二階を覗くと、そこに半透明の樹脂がおいてある。これが安息香だった。途中で寄ったトバ湖畔を夕方に散歩しているとき、家屋の中からいい香りがした。何の匂いだと思ったのだが、この安息香だったと気がついた。この村の周辺にアンソクコウノキ林があり、安息香を生産している。これを調べない手はない、留学生と一緒なので、見学させてもらえるチャンスだと、アンソキコウノキ林へ案内してもらった。

23-2 幹にはたくさんの傷がついている

安息香（Benzoin）はインドネシア語でクメンヤン（Kemenyan）、タパヌリ語でハミンジョン（Hamindjon）という。ここにはアンソクコウノキ（*Styrax benzoin*）とスマトラアンソクコウノキ（*S. paralleoneurum*）の二種があった。アンソクコウノキはエゴノキの仲間であるが、みたところは似ていない。樹高はせいぜい一五mだが、太さは四〇cmにも達するものがある。立木本数はhaあたり一、三七五本、胸高直径五cm以上の大きいものだけに限ると六〇〇本、胸高断面積合計は一六・一m²／haで、高さ一・五m以下の幼木が三〇〇本ある。アンソクコウノキ以外の樹木は二、二七五本／haあったが、いずれも小さなもので、切り株からの萌芽やパイオニア樹木であった。

林内でコーヒーを栽培しているところでは、本数は少なく八五〇本だった。ほとんどはスマトラアンソクコウノキで、アンソクコウノキはわずかであった。生長は遅いようで、直径二〇cmになるのに五〇年はかかると聞いた。大きさのちがうスマトラアンソクコウノキをうまく配置し、小径木もたくさん残している。持続的な生産の工夫ができていると思った。

安息香の採取

どのアンソクコウノキの樹幹にも、ほぼ三〇cm間隔で、小さな木では一列に、大きな木では二～三列に縦に傷がついている。村人に樹脂の採取方法をみせてもらうと、「スギ」というのみ（鑿）のような道具の先端を樹皮に軽く打ち込み、これを少し横にたおし、樹皮を浮かせている。三ヵ月ほどすると、樹脂が流れだしてくる。この傷の上下にパブアットというナイフのような道具で「ハの字」形に切り込むと、樹皮は長さ一〇cmほどの六角形（亀甲状）にぽろっとはずれる。傷は大きなものでは五mの高さまでついている。木に登って紐でからだを固定し作業するのである。

剥ぎ取った樹皮の裏には不透明の樹脂が固まっている。これをカサールと呼び、樹皮の上に流れ出た黄色いものをジュルと呼んでいたが、カサールの方が高く、当時、一kgが一万ルピア（約七〇〇〇円）で取引されていた。六角形の傷跡からもしばらくは樹液が流れ出す。これをタヒールと呼んでいたが、値段はカサールの三分の一くらい。中程度のスマトラアンソクコウノキ一本でカサールとジュルが一kg、タヒールも同程度の収穫だという。この村での収穫量はカサールとジュルが一〇〇kgだという。村の中に共同作業所があり、塊の大きさなどでいくつかの等級に選別していた。村で得られる貴重な現金収入源である。

23-3 安息香の選別

一部ではこのアンソクコウノキ林内でコーヒーを栽培していた。コーヒーは直射日光を嫌う。アンソクコウノキを被陰樹として利用している。樹木アンソクコウノキと作物コーヒーの組み合わせである、これもアグロフォレストリーだと思う。アンソクコウノキ林をつくりあげ、そこから安息香を生産し、さらにはコーヒーを生産する。その仕組みを住民自身でつくりあげていた。

安息香の利用

この樹脂（安息香）は収穫したばかりでは香りがないが、乾燥するといい匂いがただよう。隠していてもわかるほどの香りである。私が調べたのはパンガリブアンだけであるが、インドネシアでも同じ北スマトラのタパヌリ地方が安息香の主生産地で、生産量は年一、五〇〇トンにも及ぶとされる。トバ湖周辺で夕方この香りが漂ったといったが、回教寺院モスクでの宗教儀式の際に使うとも聞いたし、この香りは悪霊を退治してくれるものだとも聞いた。夕方、民家からこの香りがただよったのは、そのためだったのかもしれない。市場にも安息香のブロックが売られていた。京都の老舗の薫香店に原料の一つとして沈香、白檀とともに、この安息香の塊が置いてあった。

23-4 市場で売られる安息香（スマトラ、メダン）

安息香の主成分である安息香酸はすでに化学的に合成されているようで、食品に防腐・殺菌剤として添加されている。しかし、有害な物質だとの指摘もある。最近は、安息香は香りの穏やかなことからアロマセラピーにも利用されている。その効能書きには、「甘いバニラのような香り、リラックスを呼び込み幸せな気分になる」とか、「独りぼっちで暗くなりがちなときに、この香りをかぐとすぐに解きほぐしてくれ、明るくしてくれる」とあった。

調査の時、安息香にそんな効能があることは知らなかった。作業小屋にたくさん積まれていた。もっともらっておけばよかった。

24 樹上の節足動物

殺虫剤空中散布を利用

土壌動物との比較で、樹上にどのくらいの節足動物がいるのか知りたいと思った。しかし個人でできる簡単な調査方法がない。「節足動物」といわないで「昆虫」といえばいいのだが、樹上にはササラダニやクモなど昆虫以外の動物もたくさんいる。それらを含めての調査なので、「節足動物」とする。大きなケムシなどの生息数調査なら地上にトラップをおき、落ちてくる糞粒を採集する方法など、特定の昆虫が対象ならいくつか方法はあるが、体長一㎜以下のものが多いトビムシやダニなどを含めて、すべての節足動物を対象にする、それも大木の高い樹冠までとなると、殺虫剤を空中から散布するか、地上で燻煙して採集するしかない。

マツクイムシの防除に殺虫剤の空中散布が実行されていた頃のことだが、奈良県が若草山周辺のマツ林保護のため空中散布を計画していることを知り、殺虫目的のマツノマダラカミキリがどのくらいいるかわかりますと、県の許可を得て一㎡のトラップを一〇個マツ林内へ設定した。「マツ枯れ」がマツノマダラカミキリが運ぶマツノザイセンチュウによるものだと解明された頃である。

24-1 林内に吊るしたトラップ（奈良、若草山）

若草山のアカマツ・クロマツ混交林へはヘリコプターによる空中散布で、殺虫剤MEPとEDBの混合液をhaあたり八九〇ℓ、殺虫効力が一ヵ月もつという散布量である。大きなマツノマダラカミキリを殺す、それも効力が一ヵ月持続する量である。トビムシやダニなど小さな節足動物は完全に死ぬはず、マツ林の樹上にどんなものがどのくらいいるかわかると思った。ヘリコプターでの殺虫剤の散布は早朝の無風時なので、前日の夕方遅く、トラップを仕掛けに行った。散布後、採集は一日では全部落ちないのではと思い、一週間、回収を続けた。

一平方メートルに六八〇個体

一九七四年五月の初めての散布で、ウンカ・ヨコバイ類（二五六・〇個体）、アリ類（一七三・三個体）を主に、六八〇・五個体／㎡もの節足動物が落ちてきた。アカマツ・クロマツの大木があるが樹冠は連続していないし、下層はクロバイやイヌガシなどの低木である。もちろん低木にもいるはずだが、大木のマツだけにいたと単純に仮定すると、マツの本数は二五〇本／haであったので、

24-2 マツノマダラカミキリ

一本のマツに二七、二二〇個体の節足動物がいたということになる。変哲もないマツ林であったが、意外に樹上節足動物が多いのに驚いた。目的のマツノマダラカミキリは一個体も落ちていなかった。

空中散布が全国で展開された時代で、各地で同様の調査が行われていた。落下数の少ない記録は高知県の海岸のクロマツに常緑広葉樹の混じった林分で三二・六個体、多いところでは三重県のアカマツ林で一、四六七個体／㎡であった。マツ林といっても、アカマツ・クロマツの樹種のちがい、立木本数、樹齢、混交する樹種や下層植生、そして散布した薬剤の種類、量、散布方法、さらには天候が大きく影響する。強力な薬剤ではあるが、節足動物にも耐性・感受性のちがいがあるだろう。ともかく、都市近郊にあるマツ林の樹上にもたくさんの節足動物がいることがわかった。

沈黙の春

強力な殺虫剤の散布で樹上の節足動物がすべていなくなってしまうとしたら、若草山のマツの緑は保てても、そこにはケムシもシャクトリムシもいないのだから、それを餌とする鳥類も来ない。鳥も鳴かない沈黙のマツ林

になってしまうのではないかと心配になってきた。当時、レイチェル・カーソンの『沈黙の春』（青木簗一訳新潮社1974）が話題になっていた。薬剤の有効期限は一ヵ月、マツノマダラカミキリの出現期は二ヵ月に及ぶので、六月に二回目の散布が行われた。五月の一回目で全滅していれば、六月には何も落ちてこない、逆にどのくらい残っているのだろうと、六月にも引き続き調査した。この時は一六〇・五個体／m²と激減したが、まだ節足動物は残っていた。

空中散布はその後七年、合計八年間も継続実行された。逆にいえばマツ枯れが止められなかったということにもなる。毎年、県に調査許可願をだし、私も八年間つきあった。初年度に激減したので、次の年にはもっと減り、節足動物のいない、野鳥の来ない森林であることをデータで示せるのではと思った。

ところが、二年目の五月は三一一・四個体、六月は四七〇・六個体と初年度にくらべ減ってはいたが、全滅ではない。その後もずっと二〇〇〜三〇〇個体／m²で推移した。結論からいえば、八年間一六回にも及ぶ殺虫剤の空中散布でもマツ林樹上の節足動物は全滅しなかった。しかし、初回に多かったウンカ・ヨコバイ類やアリ類、さらにはトビムシ類が出現しなくなり、チャタテムシやアザミウマ類が優占するといった大きな種類組成の変化があった。この期間、マツノマダラカミキリは一個体も落下しなかった。

薬剤が効いていなかったとしたら

八年間に渡る一六回もの殺虫剤空中散布での樹上節足動物の落下個体数の記録である。貴重な調査結果だと自負しているのだが、「沈黙の春」にならなかったことをどう評価したらいいのであろう。殺虫剤が効かなかったか、全滅しても付近から移動してきた、あるいは生き残ったものの回復力が大きいということだろうか。ただ、回復力が大きいといっても、多くの節足動物にとって繁殖期はせいぜい一年一回だろう。急に増殖することも考えにくい。極端な言い方をすれば、殺虫剤は効かなかった、無駄だったということになる。

ともかく、こんな空中散布や地上からの燻煙を利用して、樹上の節足動物の種類組成、個体数、その季節変化などが少しずつわかってきたのである。ブナ林（二六一個体）など落葉広葉樹には少なく、スギ（三、七五四・八個体）、ヒノキ（二、〇一一・六個体）、カラマツ（九五七・八個体／㎡）など針葉樹、それも常緑針葉樹林に多いことがわかってきた。ブナやカラマツは冬に落葉することが影響しているのだろう。

樹上にもトビムシとササラダニの多いこともわかってきた。キノボリヒラタトビムシやキノボリササラダニが樹種に関わらず優占するのだが、これらは生の葉でなく枯れた葉や樹皮の間にたまるゴミを食べている。樹種はあまり関係しないようだ。これら樹上性といわれるものも、冬の間は地上に降り、樹上と地中を往復していることもわかってきた。

24-3 薬剤散布するヘリコプター

奈良、若草山での調査結果は学会で報告するたびにコピーを県に送っていた。ある年、県に調査許可願をもって行くと、「自然保護団体にだけ報告書を渡し、県庁に届けていない」といわれた。確かに送っていたので、調べてくれと強く念を押すと、「ありました」という。担当者の異動で引継ぎされていなかったのである。自然保護団体は私の学会報告でマツノマダラカミキリが一個体も落下していないことから、薬剤散布は無駄ではないかと指摘していた。私の設置したトラップに一個体でも入れば、林内に少なくとも一、〇〇〇個体／haも飛んでいたことになる。いくら密度が高くてもそんなにはいないだろう。ただし、トラップに入っていなくても、カミキリムシが全くいないという証拠にはなりませんとも説明した。自然保護団体との対応に助かるといわれた。

しかし、まったくマツノマダラカミキリムシをみていない私にも釈然としないものが残った。

25 タイの食用昆虫
ゲテモノ・イカモノ天国

タイワンタガメ（台湾田亀）

一九六三年一一月、神戸から貨物船に乗って二週間、やっとタイ、バンコクに着いて訪れたサンデー・マーケット。これは当時、ワット・プラケオの前のサナム・ルアン（王宮前広場）で開かれていた。ここでメンダー・ナーと呼ばれる大きなタイワンタガメが、それも蒸したり揚げたりしたものが、たくさん売られていることにびっくりした。ザルの上にお腹を上向きにして同心状に、まるで芸術品のように並べられていた。もちろんペットではない。食用である。生きたものもバケツに入れても売っている。カマキリのような大きな鋭い爪のついた前脚をもっていて、カエルや小魚を捕まえ、口吻を突き刺して体液を吸う獰猛な昆虫である。

タガメは日本では絶滅危惧種に指定され、水田やため池から激減し、ペットショップでは一匹一万円もの値がついているそうだ。タイワンタガメはタガメとは別種でもう一回り大きく、台湾、中国南部から東南アジア大陸部に分布し、日本でも沖縄・与那国島のものはタイワンタガメだとされる。

25-1 タイワンタガメ（タイ、バンコク）

タイでは海のカブトガニもよく食べる。これも日本では天然記念物だ。食べるのは雌のもっている卵だけなので、雄にはまったく商品価値がない。カブトガニをタイ語でメンダー・タレーという。ナー（田んぼ）のカブトガニと、タレー（海）のカブトガニというわけである。しかし、タガメのからだは扁平、食べるところなどない。料理番組で日本のタレントが「ゴキブリだ」といって逃げていたが、ゴキブリではなく水生のカメムシの仲間である。タイワンタガメには独特のカメムシ臭がある。カメムシ嫌いの人は多い。タイ料理でよく使われるパクチー（香菜・コリアンダー）もカメムシのそれに似た香りがある。

食用として好まれる匂い

タガメが食用として好まれるのはこの匂いだ。カメムシとはちがうが、独特の匂いがする。それも雄の方がはっきりしている。フェロモンの一種で、雄雌で成分が少しちがい、雄の方がより好まれるので、値段も高い。それでも一匹一〇バーツ（約四〇円）程度だ。タガメの香りを楽しむもの、普通にはタガメを潰して魚醤に浸け、ナムプリック・メンダーとして食べる。タレかドレッシングのようなものだ。これを野菜につけたり、おこわ・ごはんにつけて食べる。タガメを潰したフレークもある。ふりかけのようにご飯にかけるようだ。雌の方が安いといったが、乾季の終り10月頃には雌にも一時的に人気がでる。お腹の中の卵を食べるのである。蒸した雌の堅い翅をむしって腹を裂き、薄い緑色の卵塊をほじくりだして食べる。

25-2 カメムシの串刺し（ラオス、ビエンチャン）

タガメは一年中、タイ全国のどこの市場にも大量に売られている。それだけ売れる、人気の商品ということだが、タイ全土での消費量は想像を越えるものだ。これだけのものをどうやって捕るのか知りたかった。タガメは夜行性で、あのからだで飛ぶことができる。田んぼの周辺は灯火もなく真っ暗だ。ここにタケでタワーをつくり、電線を引っ張って何ヵ所か蛍光灯をつけ、幅広のネットを張る。飛んできたタガメが引っかかるという仕掛けだ。それでもこの大きな需要にはとても応えられないと思っていたら、「タガメ養殖法」というタイ語の本をみつけた。すでに水田、池での養殖が始まっていたのだ。

もちろん、カメムシも食べる。ラオスのビエンチャンでは大きなカメムシを細い竹串に5匹刺して売っているものをみた。カメムシは上向きか下向きで対面しているものはなかった。ラオスの市場には小さなカメムシが大きなバケツやたらいに山盛りにして売られている。これだけの数をどうやって採集するのか、一緒に採集に行ってみたいものだ。

品数なら、やはりタイ東北部コンケン

しかし、食用昆虫の品数となれば、タイでもやはり東北部のコンケンである。一九七九〜一九八一年、コンケン大学に長期滞在したので、野外市場にでる食用昆虫の種類、季節変化、価格、そして料理法などを調べた。タガメ以外に、ツムギアリの幼虫、カイコの蛹、セミ、ケラ、コオロギ、ゲンゴロウ、カメムシ、タケノコムシ、バッタ、ミツバチ・スズメバチ、カブトムシ、糞虫、コガネムシ、タマムシなどが売られていた。昆虫なら何でも食べているのかと驚くほどだ。中でもウシの糞に集まるいろんな糞虫が食用として売られていたのにはびっくりした。まちがいなく、糞に集まってきたものだ。

メコン河畔のルーイでは直径一〇cm近いナンバンダイコクの大きな糞玉をみつけたときも驚いた。ゾウの糞でつくってあるのだが、糞玉自体を食べるのではない。中にいる幼虫を食べるのである。大きなゴホンツノカブトやきれいなタマムシが食用だったのにも驚いた。いずれも堅い外骨格をもっている、食べるところなどないと思ったが、蒸してお尻から中身を吸うのである。

25-3 ナンバンダイコクの糞玉（タイ、ルーイ）

私自身、市場やレストランでこれら食用昆虫があれば食べた。ツムギアリ幼虫の入ったサラダやスープ、カイコの蛹、ケラ・コオロギ・バッタ、タケノコムシの幼虫、スズメバチと野菜のいためもの、ゲンゴロウ、カブトムシの幼虫などだ。私のお奨めはタケノコムシとコオロギのから揚げだ。何人かでレストランに行くとき、

ビールのあてに注文しておくと、タケノコムシの方は好評でお代わりを注文させられたが、コオロギは残される。こっちの方がおいしいので全部私が食べた。料理法は基本的にはから揚げだ。生きているものの揚げたてはおいしい。たくさん売られている糞虫はまだ食べていない。タマムシはとても食べられず、生きているものを買い標本として、またナンバンダイコクの糞玉も標本として持って帰った。

25-4 売られるカブトガニ（タイ、バンコク）

最近ではタイ東北部でも急速に品数が減っている。生活が豊かになりこんなものを食べなくてもいいのだろう。それでもゲテモノ・イカモノは食文化の一つだ、消えてしまうのは残念だ。昆虫以外にもゲテモノはたくさんある。タイへのゲテモノ・グルメツアーがあればいつでも喜んで案内する。

26 大ミミズの探索

日本一長いミミズ

ギネス・ブックによると、世界で一番長いミミズは南アフリカにいるヒモミミズ科のミクロカエトゥス・ラッピ（*Microcaethus rappi*）で長さ六・七mとしている。私は国際協力機構のアグロフォレストリーでの森林再生・生活向上プロジェクト支援でアフリカ南部のマラウィとザンビアへ三回行ったことがある。ヨハネスブルグにも行き帰り寄ったが、ミミズ生息地には行けていない。自分の眼でみたいとの思いはある。日本にも、寺島良安『和漢三才図絵』（正徳二年、一七一二年）に丹波国柏原遠坂村で一丈五尺（四・五m）と九尺五寸（二・九m）の大ミミズがでたという記録があるが、証拠はない。伝説としておこう。

日本では現在のところ、長さではハッタミミズ（*Drawida hattamimizu*）だろう。能登半島の付け根、河北潟畔の八田村（現金沢市八田）で発見され一九三〇年に新種として記載されたのでこの名がある。発見当初は八田にしか分布しないとされ、北前船で蝦夷の産物を上方へ運んだ銭屋五兵衛が、東南アジアのどこからか運んできたのではと推測されていた。一九七八年に私が琵琶湖湖西の今津・新旭で、一九七九年に湖東近江八幡で発見し、琵琶湖周辺に広く分布すること、最近になって、余呉湖、三方五湖にも分布することが確認された。外来種でなく、日本固有種と考えていいようである

26-1 長さならハッタミミズ

二〇一三年、琵琶湖博物館主催で「琵琶湖ハッタミミズ・ダービー」を行い、長さ九六cmが記録された。ところが、原産地の八田にはもっと大きなものがいると挑戦者が現れ、二〇一五年には琵琶湖博物館と河北潟湖沼研究所共催で「全国ハッタミミズ・ダービー」を実施した

が、九六cmを越えるものはでなかった。ぶら下げるとずんずん伸びる面白いミミズだが、お箸のように細い。体重はせいぜい二〇g程度である。ミミズダービーがきっかけで、これまで未記録の場所での発見を期待したのだが、驚くような場所からの報告はなかった。

日本で一番太いミミズ

太さでは中部地方以西の暖かいところに多いシーボルトミミズ（*Pheretima sieboldin = Amynthas sieboldi*）だと思っていた。瑠璃色の金属光沢に輝く派手なミミズで、幕末、長崎の出島に来ていたシーボルトがオランダへ持ち帰った標本で新種記載されたもので、日本のミミズで最初に学名がつけられたものだ。標本は現在もライデン自然史博物館に保存されている。ウナギ釣りの餌にいいとされ、四国でカンタロウ、紀伊半島でカブラッチヨ、カブラタなどと呼ばれ、その存在が知られている。長さは三〇cm程度だが、親指くらいの太さがある。私が計った最大のもので重さ四五gであった。このシーボルトミミズでも高知県鵜来島では六七gもあったというから、もう一回り大きいものがいるようだ。暖地性のミミズにまちがいないのだが、伊豆半島・房総半島にはいないし、屋久島以南の南西諸島にもいない。

26-2 十津川で捕まえたシマフトミミズ

大物が次々登場

一九七七年八月、朝日新聞社奈良支局が奈良県十津川村で捕獲されたピンク色の大きなミミズ、その後一九九一年一〇月、大塔村赤谷で奈良教育大学学生だった吉田宏さんと浜崎誠三さんが捕まえたというピンク色の、それもシーボルトミミズよりもっと大きなミミズが届けられた。体重は五九gもあった。二個体揃ったので、新種記載のため一個体は内部形態記載のため解剖し、一個体は標本として残せると思ったのだが、この二個体はそれぞれ別種で、新種記載にはそれぞれもう一個体ずつ要る、ぜひ捕獲して欲しいといわれた。

26-3 捕ったどぅ　タイ、メコン河畔

それぞれ十津川オオミミズ、大塔オオミミズと呼んで、ミミズ探しに夢中になった。自分の手で捕まえてやると、何度か出かけたのだが、まったく埒があかない。ピンク色の大きなミミズだと強調した写真付きの手配書を十津川村と大塔村へ送ったが、まるで反応がない。しびれをきらし、一九九九年八月にはミミズ研究談話会メンバー約三〇人で大塔村赤谷周辺を捜索したが、暑い中、何の収穫もなかった。二〇〇六年には十津川教育委員会・五条市教育委員会との共催で「ミミズ・フェスティバルin十津川・大塔」を開催、多くの参加者といくつものテレビ・クルーが来てくれたが、この日も驚く発見はなかった。二〇〇七年七月、私自身が十津川村杉清でようやく十津川オオミミズ二個体を捕獲した。その後、大塔村でも数個体が捕獲された。

十津川のもの、大塔のものは一八九九年に記載されていたシマフトミミズだと同定されたが、吉田さんが大塔で採集したミミズはこれとは別種、新種にまちがいないという。記載にはもう一個体要る。採集者の吉田さんが、自分でみつけると執念を燃やしてくれているので、いずれ決着がつくだろう。さらに、沖縄・与那国島で南谷幸雄さんが重さ七二・八gもの大ミミズを捕獲した。標本をみたが、十津川・大塔のものよりさらに一回り大きい。現在のところ、これが日本最大のものだが、採集されたのは一個体のみ。これも新種にまちがいないのだが、まだ命名されていない。二〇一九年五月、ミミズ研究談話会主催でこの大ミミズ捕獲に向かった。そこは専門家揃い、いそうなところは臭いでわかる。太さは親指大、長さも七〇cmを越えた。八個体をゲットした。まもなく新種として記載されるはずである。

ところがこれで終わりではない。奈良・西吉野で一尋（ひとひろ、両手を広げた長さ）、高知四万十川上流北山川で三m、埼玉寄居で一・七mのものがいたという話をみた本人から聞いている。「何で捕まえてくれなかったんですか」といったのだが、「そんな気持ちの悪いこととてもできなかった」といわれた。田舎に住む人たちである、ヘビやハリガネムシとまちがえることはない。日本記録は更新されるかも知れない。わからないものがいることは確かのようだ。

メコン河のメコンオオフトミミズ

ラオスへ蝶の採集に行っていた蝶類研究者の小岩屋敏さんから、メコン河にいたという体長三mの大きなミミズの写真をもらった。これがメコンオオフトミミズ(*Amynthus mekongianus*)であった。タイへは何度も出かけているし、メコン河に近いコンケンにあるコンケン大学にも長く滞在したことがあるが、このミミズについては知らなかった。二〇〇二年一〇月、タイ側のノンカイにもいるはずとミミズ研究談話会のメンバー五人で現地に出かけた。河岸にたくさんの糞塊がある、絶対にいるはずだが、長いものがみつからない。納得できないまま帰国した。

二〇一五年一一月、ミミズ研究談話会主催でこのメコンオオフトミミズ探索会を再度企画し、九名の参加があった。今度は残念でしたではすまされない。旧知のコンケン大学のサワエン教授に協力を要請したところ、この大ミミズの生息地を確認し、村長や村人にも話をしてくれていた。メコン河畔の小さなホテルへ泊まった翌朝、河岸へ出ると同時に村人が河の中に入り、あっという間に三mの長いミミズをいくつも引っ張り出してきた。参加者一同、大興奮だった。

まちがいなく、湖岸の砂の上に糞塊がある。前回もここを掘ったのだ。ミミズの尻尾は湖岸・陸地にありそこに糞をだしているが、頭はメコンの川底の泥の中にあったのだ。水の中に入れば捕まえられたのだが、糞塊のところばかり掘ったので、するすると水の中に入ってしまったのである。ともかく、どれも体長は三mあった。体節数は五八〇もある。

ところが、潜ってくれた村人が「ここものは小さい、ほかのところには六mのものがいる」といいだした。すぐに行こうといったのだが、護岸工事でもういなくなったという。三mと六mでは大違いだ。六mのミミズ探しにもう一度行かなければならない。

27

熱帯林の樹上節足動物

タイ東北部のモンスーン林

「24　樹上の節足動物」の項で、燻煙（殺虫）剤散布での日本の森林の樹上節足動物調査で、ブナ林など落葉広葉樹林にくらべ、シラベ（シラビソ）、ヒノキ、スギなどの常緑針葉樹林に個体数が多かったこと、スギ林でも三、八〇〇個体／m²に達したことを述べた。東南アジアの熱帯林に、日本との比較で樹上節足動物はどのくらいいるのか、調べてみたいと思っていた。しかし、ヘリコプターを飛ばし殺虫剤を撒くわけにはいかない。

一九七九年から一九八一年まで、タイ東北部の中心コンケンにあるコンケン大学との共同研究で焼畑の土壌調査・土壌動物調査に行った。火入れ・焼畑まえの森林の土壌動物相、伐採・火入れによる影響、その後の作物栽培での変化を三年間にわたって調べた。天然林を伐採し、自分たちで火入れしたのである。生物相にとっては大きな変化、絶滅の危機でもある。樹木を伐採し、火を入れるのだから、樹上の節足動物を調べるチャンスだと、当時市販されていた森林害虫防除用の缶入り燻煙剤を入手し、これをもって行った。

タイ東北部はモンスーン域、一〇月から四月まで長く明瞭な乾季がある。数ヵ月は全く雨が降らない。一九七九年一二月と一九八〇年一月の乾季の調査では樹上節足動物の落下個体数はわずか一四〇・〇個体と二五六・四個体／m²。これは上層木が落葉している乾季なので、少ないのは当然だろう。雨季には大きく増加するのではと期待して、一九八〇年七月、さらに一九八一年九月の雨季に燻煙した。ところが、個体数は一二三・一個体と一九五・

27-1 わずかに残る熱帯林（インドネシア、東カリマンタン）

二個体／㎡、乾季とあまり変わらない低い値であった。

　燻煙剤はhaあたり三個で十分な殺虫効果があり、それを狭い範囲で燻煙した。発煙したあと、煙が樹上まで届くようにロープで缶を樹上まで引き上げた。燻煙は早朝、無風時に行っている。林内に十分に燻煙剤が広がったとはずだ。ところが雨季にも個体数が少なかったのである。雨季には多くなるはずなのに、なぜこんなに少ないのか、やはり燻煙に問題があったのかと結果に納得できないものが残っている。

スマトラ島南部の早生樹 アマシア・マンギウム林とモルッカネムノキ林

　インドネシア、スマトラ島南部パレンバン近郊のムアラ・エニミ付近には広大なアカシア・マンギウム（*Acacia mangium*）林とモルッカネムノキ（*Paraserianthes falcataria*）林が広がっている。どちらもパルプ材目的の早生樹である。植栽後四年で樹高一五m近くにもなる。ここで一九九五年八月、それぞれの林内で燻煙剤を焚いて樹上節足動物を調べた。アカシア・マンギウム林で二三〇～二六八個体／㎡、モルッカネムノキ林では何と一三・九～二一・〇個体／㎡ときわめて少なかった。とくに、モルッカネムノキ林の樹上の節足動物の個体数の少なさに驚いた。

　熱帯林の伐採後、人工林を造成して森林を復元・回復してもその生物多様性は著しく劣ったものになっている。比較のための天然林を探したのだが、想像以上に広大な人工林で、残念ながら近くに比較調査できる天然林はすでになかった。この時のサンプルは保坂哲朗（現広島大学国際協力研究科准教授）さんが卒業課題研究としてまとめ、発表してくれた。

　樹高せいぜい一五mのアカシア・マンギウムやモルッカネムノキ

27-2 伐採後、火入れですべてが消えた

27-3 スマトラ南部のモルッカネムノキ林

人工林では、地上での燻煙剤の発煙で樹冠まで届いたと思うが、天然林となれば、東南アジアの湿潤熱帯でも最高樹高は八〇mにも達する。とても地上からの燻煙では樹冠まで届かない。足場を組み、何ヵ所かで発煙するといった大掛かりな調査方法をとらなければいけない。この近くで天然林がみつかったとして、実際に調査できたかどうかはわからない。空中から殺虫剤をヘリコプターで散布する方法もあるが、対象地周辺の大面積の森林に影響が及ぶ問題がある。やはり簡単な方法ではない。

熱帯林の樹上節足動物は本当に少ないのか

タイ東北部は天然モンスーン林、スマトラ島南部は早生樹人工林での調査結果であるが、これまでの調査例を調べても熱帯林での樹上節足動物の個体数はどうも少ない。ブルネイの熱帯雨林で一一七・四個体、マレーシア、サバのアカシア・ユーカリの造林地で三六〜一一九個体／㎡である。熱帯林には意外と節足動物は少ないのではとも思っている。しかし、熱帯林の破壊はすさまじい。八〇mの樹高をもつ森林の大きな樹木は搬出され、残ったものは切り株まですべて焼き尽くされ、アブラヤシ、パラゴム、サトウキビなどに転換される。樹上の節足動物も新種であっても名前もつけられず、どこにどのくらいいたかといったことも調べられないまま、地上から消えている。もともとの個体数がこんなに少ないとは思えない。やり残した仕事の一つである。

　これまで地球上の生物種、現在種名がつけられている種は一、七〇〇万種とされている。日本でもチョウやトンボなどで、これまで同種とされていたものが別種とされるなど新種の誕生は稀にあるが、地中のトビムシやササラダニなどにはまだ命名されていないものがたくさんある。同定がむつかしいことに加え、そもそも研究者がいないからである。

アマゾンの森林で樹上節足動物の調査をした、アーウィン（T. L. Erwin）らは樹種ごとで落ちてくる昆虫の種類がちがうことから、樹種数を考慮し、地球上の生物種は三、〇〇〇万種になるといいだし、大きな反響があった。実際、燻煙剤散布で落下採集された節足動物の多くが新種だったのである。しかし、標本が分類研究者に渡ってもすぐには新種記載・命名はされない。新種の記載には時間がかかる。

地球上の生物種については、さらに大きな展開があった。暗黒で酸素も光もなく、強力な水圧の中、生物はとても生存できないといわれた深海に、多様な生物がいることがわかってきたことである。潜水調査船しんかい六、五〇〇が撮影した深海の映像をみると、そこには魚やエビなどみたこともない奇妙な生物がたくさん写っている。さらに、海底の砂の中にも線虫など多様な生物がいることがわかってきた。それらを入れて推定すると、地球上の生物種は二億種にも達するといわれる。種名がつけられているのはそのわずか一%に過ぎないということだ。

新聞報道などで地球上で一年に四万種が絶滅しているとか、それにより生物種の何%が絶滅しているといった記述があるが、分母の地球上に存在する生物種がはっきりしないのに、こんな数字は簡単にはでてこないはずである。

28

東南アジアの樹木野菜

果物と野菜の区別

その地域の人々の暮らしを知るには市場をみることだといわれる。東南アジアの市場を覗いて、売られる野菜・果物・魚など、その品数の多いことに驚く。地球上でもっとも豊穣な地域といっていいだろう。もちろん、都市と山村、湿潤域（島嶼部）とモンスーン域（大陸部）など場所ごとで、さらには季節ごとで大きく異なるのだが、いつ行っても知らないもの、みたこともないものに出会える。

市場めぐりでとくに興味を惹かれるのが、樹木の葉・花・果実（種子）が野菜（樹木野菜）としてたくさん売られていることだ。日本でもタラノキ、ゴンゼツ（コシアブラ）、アケビなどの新芽・新葉が店頭に並ぶことがあるが、それは春の一時のことである。しかし、東南アジアではそれらが一年中、売られ、またよく食べられている。

樹木の果実が野菜といったが、これもおかしな表現だ。野菜と果物の区別は明瞭、一年生・多年生草本の果実か、永年性の樹木（木本）の果実かで決まる。カキ、リンゴなど樹木につく果実が果物だ。食後のデザートをフルーツといい果物として扱われているが、スイカもメロンも野菜だ。英語のフルーツ（Fruits）は文字通り「果実」のことだから草本でも樹木（木本）でもいい。しかし、日本語のフルーツは「食後の果物・デザート」のイメージだ。新聞の市況欄をみても、果物のところにメロン、スイカ、バナナ、イチゴが入っている。

28-1 タマリンド

一般の常識に従えばスイカもメロンもやはりフルーツ・果物だ。果物か野菜の区別は明瞭だといったものの、一面ではむつかしいものだ。東南アジアの「樹木野菜」として、樹木の果実で生食するものを「果物」、煮

炊きして食べるものを「野菜」といった意味をおわかり頂きたい。

東南アジアで、樹木の葉・花・果実が野菜として食べられることに最初に注目したのは大阪府立大学農学部教授の故中尾佐助さんで、草本の野菜を「草菜」、樹木の野菜を「木菜」と呼んだが、私は「樹木野菜」とした。日本熱帯農業学会編「熱帯農業事典」（養賢堂　2003）でも樹木野菜として扱っている。

28-2 ジャックフルーツ（パラミツ）（マレーシア、キャメロンハイランド）

多様な樹木野菜

シロゴチョウ、インドセンダン、タガヤサンなどの花、ワサビノキ、アマメシバ、キャッサバ、マンゴー、ギンネム、カシューナッツなどの若い葉、大きなジャックフルーツ（パラミツ）やパンノキの果実、ソリザヤノキのさや、ネジレフサマメ・ジリンマメのさやや豆、酸味料として使うタマリンド、コブミカン、アムラタマゴノキ、ベルベットタマリンド、ナガバノゴレンシなどの果実、さらには、干したパンヤの花、ククイノキやパンギノキのナッツなど、きわめて多様なものが売られている。樹木ではないが、カボチャ、ハヤトウリ、カラスウリなどのつるの先、バナナの花も野菜として食べるし、ドクダミの葉もある。

ヤエヤマアオキの葉はタイでホーモックという魚のすり身料理を包むのに使い、ニオイアダン（ニオイタコノキ）の葉はごはん、水、鶏肉などの香り付に使う。さまざまなヤシの実、バナナ、タケノコもある。東南アジアでは野菜を生食することは少ないのだが、タイやミャンマーではギンネム、コブミカン、ベルノキ、オトギリソウ科のバイ・ティウなどの葉を生で食べる。インドセンダンの花やソリザヤノキの果実はきわめてにがいのだが、タイやミャンマーではこれが好まれる。

タマリンド

東南アジア全域で利用されている樹木野菜のトップがマメ科のタマリンド（*Tamarindus indica*）だろう。原産地はインド・東アフリカだとされるが、東南アジアでも明瞭な乾季をもつ地域で広く栽培されている。中でもタイ北部ルーイには広大なタマリンド林が広がっている。タイのスープ「ゲエンソム」、インドネシアのスープ「サユール・アッサム」、マレーシアのスープ「ラクサ・アッサム」、フィリピンのスープ「シニガン」など、いずれもタマリンドのさやの中の果肉を溶かし酸味をだしたものである。

市場には、タマリンドのさや、種子の混じった果肉だけ、種子をはずし果肉を固めたものなどを売っている。それぞれ色がちがい、さながら日本の味噌売り場のようである。タマリンドのペースト、ピューレは日本にも輸入されている。インドネシアにはアイル・アッサムというタマリンドのジュースもある。タマリンドには甘い品種もあり、これらは果肉をそのまましゃぶる。

タマリンドの種子も輸入されている。種子から蛋白・脂肪・臭気を抜いたタマリンド・シードガムというもの、主成分はグルコース、ガラクトースなどの多糖類である。これがプリンのソース、とんかつソース、佃煮類の増粘剤、マーマレードやゼリーのゲル化剤など多様な用途に使われている。

東南アジアでは村の中、村の周辺に必ずある樹木の一つだが、樹形もいいので、街路樹としても植えられる。主としてさや・果肉の利用であるが、花や新葉は野菜として食べられる。

28-3 ジャックフルーツ　巨大な果実は地上に横たわる（タイ、コンケン）

ジャックフルーツ（パラミツ）

クワ科のジャックフルーツ（パラミツ）（*Artocarpus heterophyllus*）は最大六〇kgとも四二kgとかもいわれる大きな果実をつける。こんな大きな果実が枝先につくはずがない。太い枝や樹幹下部に実をつける幹生果の一つである。大きなものは根元にごろんところがっている。おいしい果物で、未熟のもの、あるいは熟したものでも、果肉・繊維質のところをスープに入れたりして食べることもある。

グネツム（グネモンノキ）

グネツム（*Gnetum gnemon*）は葉をみれば広葉樹だが、まちがいなくグネツム科の針葉樹で、果実はカヤに少し似ている。ジャワでは家を新築するとまずこれを植えるといわれる。食事ごとに葉や果実を採って来るのである。市場にもこの果実や葉が大量に売れている。レストランで注文するスープにもよくこの葉や果実が入っている。

28-4 グネツム（グネモンノキ）

インドネシアでエンピン（ウンピン）と呼ばれるクルプック（えびせん）に似ているが、やや小形で少しにがいものがある。バリ島の高級ホテルの朝のバイキングにもあった。これはグネツムの種子を潰し揚げたもので、トウガラシをまぜたエンピン・パダスというのもある。ビールのおつまみに注文して好評だった。これに似て臭いジリンマメを潰したクルプック・ジェンコールというのもある。表現がむつかしいが、むっとくる臭いがある。

森林再生・現金収入・栄養改善

多様な樹木の葉・花・果実が野菜として食べられ、それらが市場価値をもっている。村落周辺にこれら樹木を植えれば、森林が再生でき、地域の環境を守ることにもなる。用材・薪炭材として伐採するまでの間、現金収入が得られるし、食糧不足・栄養不足も少しは解消できる。

このことで山村の社会が維持される。東南アジアでも自然食・健康食ブームで、これら野生・半野生の植物や樹木野菜に関心が高まっている。それら多様な食材を確保すること、利用することは民族固有の食文化を守ることにもなる。

6▼ニシキヘビを食べる

１９８１年10月、科学研究費の海外学術調査で、タイ東北部のチャイヤプーン県ナームプロムのコンケン大学農場に滞在して、焼畑が土壌動物に及ぼす影響を調べていたときのことである。来る日も来る日も、朝から晩まで土を掘り、中にいる土壌動物を採集するという根気のいる作業をしていた。カウンターパートのコンケン大学助教授のサワエンさんは仕事に飽きてくると、いつも村の方に出かけてしまう。私一人で仕事を続けるしかなかった。

ある日のこと、村に行ったサワエンさんがすぐに帰ってきた。手に丸太のようなものを持っている。ニシキヘビの輪切りだった。前日、40㎏のシカを丸呑みにし動けなくなったやつを村人がみつけ、鉄砲で撃ったのだそうだ。村人総出でニシキヘビ・パーティをやったのだが、まだまだ余っていてそれをもらってきたらしい。

夕食、ニシキヘビの肉をほぐし、野菜を少し混ぜ、トウガラシで味付けしたヘビ料理がでてきた。ヘビは骨の間に薄く肉がついているだけである。とはいえさすがにニシキヘビ、１㎝にもなる厚い肉がついている。スルメとニワトリを混ぜたような食感だが、トウガラシでヘビ自体の味は消えていて、美味しいとは思わなかった。それでも10㎝近い弓なりのヘビの骨がでてきて、確かにニシキヘビを食べているのだという実感があった。

このニシキヘビの皮を干してあるというので、次の日に村まで行ってみた。雨季の終りではあるが連日雨が降り、早くも腐りかけていてものすごい匂いだ。全長７・５ｍあったというが、頭はすでに切り落されていた。将棋の駒のような大きな鱗がぼろぼろと落ちた。「頼むから買ってくれ」という。臭いのなんの、皮のなめし方も知らない、買っても困る。「いらない」というのだが、「頼むから」としぶとい。「いくらだ」と聞くと、「１００バーツ（当時１バーツは10円）だ」という。これを聞いて、ころっと考えが変わった。

6-1 ニシキヘビの皮（タイ、ナームプロム）

こぼれ話

しかし、やはりあとがたいへんだった。研究室をもらっているコンケン大学まで持って帰るにも、あまりの臭さに車の中に入れられず、外に縛りつけた。大学でホルマリンをもらい、ともかく腐敗を止めた。1,000円で買ったものを、京都まで航空便で送るのに5,000円かかった。

帰国後、うれしがって研究室の天井に長い間貼りつけていたのだが、定年退職時に京大総合博物館に寄贈した。これも今ではワシントン条約で絶滅危惧種として商取引禁止になっている。ヘビ料理はあちこちで食べているが、ニシキヘビを食べたのはこの1回だけだ。

29

東南アジアのびっくり野菜ドクダミも野菜

東南アジアの市場で売っているのをみて、どうやって食べるのか、どんな味なのか、確かめていない野菜がいくつかある。たとえば、ネナシカズラだ。アメリカネナシカズラ(*Cuscuta pentagona*)らしいのだが、タイ北部の市場で売っていた。レストランのメニューにでもあればすぐに注文するのだが、その機会はなかった。ナンバンギセルもタイ北部の市場にたくさんあった。食品を染めると聞いたのだが、どんな色になるのだろう。それにしても売っている量がすごかった。たくさん採れるところがあるらしい。

アオミドロ(シオグサ)

アオミドロ(シオグサ)(*Spirogyra spp.*)は水たまり、池、さらには水槽内にも生える淡水藻類(緑藻類)で緑色をした長い藻である。この仲間は世界に三〇〇種もあり、その分類はむつかしいとされる。このアオミドロをメコン河に面したタイ北部・ラオスではタオ、またはパク・カイといい、肉や野菜料理に入れたり、スープに入れたりして食べている。市場でも握って団子状にしたものやバケツにそのまま入れて売っている。

29-1 アオミドロ(カイペーン)(ラオス、ルアンパバン)

とくに、ラオスではこのアオミドロを板海苔のように加工して売っている。カイペーンという。ココヤシやタケで編んだ枠の中にこの藻を均等に広げ、化学調味料、塩、タマリンドの果汁などをふりかけ、その上にゴマ、スライスしたニンニクやトマトをばらまき、乾燥させたものだ。ラオスの古都ルアンパバンの裏通りでは、天日にさらし乾かしていた。ただし雨季にはすぐにカビが生えるので、ポリ袋に入れて売っている。海苔のようだがおにぎりを包むのでなく、ちぎってスープに入れる。

サヤダイコン

タイ北部やラオスではダイコン（大根）の花の咲いた後のさや（莢）だけを売っている。根でなくさやを食べるのである。東南アジアのダイコンは貧弱だ。ダイコンは日本には古く大陸から導入されたのだが、桜島大根のように太いものから、守口大根のように細く長いものまでたくさんの品種がある。日本人が大根好きなのだろう。その品種の多様さ、品種改良への努力は褒められていい。

29−2 サヤダイコン（タイ、チェンマイ）

さやを食べるダイコンとはサヤダイコン（*Raphanus sativus var. caudatus*）で、中国南部からインドネシア、インドまで熱帯アジアで広く栽培されている。種子の入った白いふくらみ（さや）が五つほどつながり、その先が細く長く伸び、長さは一〇～一五㎝もある。タイではパック・キーフートという。インドにはさやが最大八〇㎝にもなるものがあるという。ラオス、ルアンパバンのメコン河畔で栽培されているサヤダイコンのさやを齧ってみた。確かにダイコンの辛味があった。未熟のさやを炒めたりカレーに入れたりする。

ナンゴクデンジソウ

ナンゴクデンジソウ（*Marsilea crenata*）（タノジモ・カタバミモ）は四葉のクローバー（シロツメクサ）に似て水田や沼地に文字通り「田の字」形に葉を広げる。日本でも九州南部や南西諸島のものはナンゴクデンジソウだとされる。デンジソウ（*M. quadrifolia*）は京都府でも最近は確認できないとされ、絶滅寸前種にランクされている。デンジソウはシダ植物だとは知っていたが、何でこれがシダ？　と思うぐらい、葉はとてもシダには似ていない。ただし幼葉をみればワラビに似ていることがわかる。このナンゴクデンジソウがタイ、ラオス、カンボジアなど東南アジア大陸部・モンスーン地域では野菜としてよく食べられ、市場にも売っている。水田のあぜなどにも生えるので、タイ北部では魚やタニシを捕りながら、デンジソウも摘んでいた。

ドクダミ（ジュウヤク）

ドクダミ（ジュウヤク）(*Houttuynia cordata*) を野菜として食べているのには驚いた。日本植物方言集成（八坂書房 2001）にはドクダミには全国で二二二もの方言が記録されている。イヌノヘ、ヘコキグサならまだしも、カミナリノヘとかカッパノヘといった別名もある。ヨメノヘというのもあった。なるほど、カミナリの屁もこんなものかと納得した。悪臭の代表者だが、この臭気はラウリンアルデヒド、カプリンアルデヒドという物質だという。

この悪臭からとても食べものには結びつかないのだが、中国南部の四川省・雲南省からベトナム、タイ北部、ミャンマーにかけては好んで食べられている。四川省成都では肉や魚をこの葉の上に載せて食べる。口に入れるまでが臭いが、口に入ると不思議と臭いが消える。ところが、ベトナムやタイ北部では生の葉をサラダ感覚でそのまま食べていた。レストランでもお皿に山盛りのドクダミの葉がでてきた。冬、成都へ行ったら、ドクダミの葉のない時期なのに、肉料理にドクダミの匂いがする。ドクダミの根が香り付けに入っているのだ。根はもやしのように白く細いが、タケのように節があって、まぎれもない臭いからドクダミの根だとわかる。

29-3 売られるデンジソウ（ラオス、ルアンパバン）

ドクダミは本州中部以南、四国、九州の木陰や湿地にごく普通の多年草で、沖縄、台湾、中国、ヒマラヤからジャワまでの東南アジアに広く分布する。中国名は魚醒草だ。人の気配のするところにあり、日本のものも古く渡来したものではと考えられている。日本では干してドクダミ茶として飲用する。和名の十薬も解熱、利尿など多様な効能をもつことに由来する。

ヤマイモのむかご

秋、里山を歩くとヤマイモ（ヤマノイモ）のつるに小さく丸いむかごがたくさんついている。ときに大きなものもあるが、せいぜい直径一・五cmだろう。むかごごはんの他、フライパンで炒っても、数粒ずつ葛粉で固めててんぷらにしてもおいしい。ヤマイモの仲間は東南アジアにもたくさんある。英語ではヤム（Yam）というので、ヤムイモといったりしているが、ヤマイモとヤムイモは同じもの、ヤマノイモ（*Dioscorea*）属の植物をさしている。

29-4 市場で売られるドクダミの根（雲南省昆明）

東南アジアのヤマイモで驚いたのは地中の芋でなく、つるの先につくむかごの方である。球形でなく、かたちも多様、野球のグローブのように大きなものもある。タイ北部にはおにぎり形で手のひら大のものがあった。蒸したあと、串に挿して売っていた。最近、日本でもエアーポテト（*D. bulbifera*）という熱帯アジア原産でむかごを食用とするヤマイモが栽培されている。日本のヤマイモにくらべ葉が大きく、むかごもこぶし大になる。グリーンカーテンにするといいかも知れない。しかし、食べるときはむかごの表面を深めに除かないと苦い。

29-5 ヤマイモの大きなむかご（タイ、コンケン）

30 石垣島於茂登岳のサキシマスオウノキ

サキシマスオウノキ

サキシマスオウノキ（先島蘇芳木）（*Heritiera littoralis*）はアオイ科（従来はアオギリ科）の高木で、アフリカ大陸インド洋沿岸から南太平洋、東南アジア海岸まで、日本でも沖縄西表島から奄美大島竜郷町西原まで、それもマングローブ後背地に分布する。南大東島の中央部、大池周辺にはマングローブがあるが、ここではサキシマスオウノキはみなかった。サキシマスオウノキの特徴は根元に薄く大きな板根をもつことだ。この薄い板根を沖縄ではサバニの舵として利用した。和名に蘇芳とあるように、樹皮を蘇芳色の染料として使ったようだ。

西表島の仲間川上流に大きなサキシマスオウノキがあり、観光船でも行くことができる。ただし干潮時には遡行できない。種子は軽く長さ五㎝ほど、光沢があり竜骨状の突起をもち、ウルトラマンの顔に似ているので、お土産として人気だ。水に浮き、海流に流されて分布を広げる。インドネシア、バリ島北西部ミンピの海岸近くにあった大きなサキシマスオウノキの下には、すごい数の種子が落ちていた。ここへ行ったとき、参加者が夢中でこの種子をポリ袋に入れていたが、現地の人が不思議そうにみていた。種子は堅い。これに穴をあけ、ペンダントなどにしている。

30−1 サキシマスオウノキ（西表島仲間川上流）

石垣島の津波石　津波大石（つなみうふいし）

サキシマスオウノキはマングローブの後背地、大潮の時には海水が来るが普段は陸地というところにある。西表島にある琉球大学熱帯生物圏研究センターの学外協議員をしているとき、センターの新本光孝教授から石垣島最高峰の於茂登岳（標高五二六m、沖縄県最高峰でもある）の山頂近く、標高三〇〇mのところにサキシマスオウノキがあると聞いた。かつて大津波があり、その高さは三〇〇mにも達し、そのときに種子が打ち上げられたという伝説があるという。

二〇一一年三月一一日の東日本大震災のマグニチュードは九・〇、津波の最大遡上高は三八・九mとされている。ところが、明和八年（一七七一年）四月二四日、沖縄・八重山地方を襲った八重山地震（明和の大津波）では、遡上高は八五・四mであったとされる。将来予想されている南海トラフの巨大地震での津波は高知県黒潮町でも三四・四mと推定されている。最大遡上高はもっと高いものだろうが、それでも三〇〇mというのは大きすぎるようだ。

30-2 石垣島・大浜津波大石（つなみうふいし）

津波はその強い水圧で海中の丸い巨石などを内陸まで運ぶ。これを津波石という。津波がそこまで来たことを証明するものだ。津波石は沖縄先島諸島（宮古・八重山群島）、和歌山県串本、三陸地方沿岸などでたくさん確認されている。とくに、明和八年の八重山地震による津波石とされる石垣島大浜にある国指定天然記念物「津波《つなみ》大石《うふいし》」は長径一二・八m、短径一〇・四m、高さ五・九mとされる。これをみにいったことがあるが、明和の大津波でなく、津波石に付着したサンゴの年代測定から約二〇〇〇年前の先島津波によるものだとの標識があった。石の上にはガジュマル、シマグワ、デイゴなどが生えていた。大きな津波であったことは確かだが、さすがに標高三〇〇mまでは達していないようだ。

石垣島於茂登岳のサキシマスオウノキ

とはいえ、新本教授の話が本当かと気になって一九九

30-3 サキシマスオウノキの種子

九年一二月、於茂登岳へ行ってみた。津波大石のある宮良湾に注ぐ宮良川の最上流である。石垣島を横断し米原のヤエヤマヤシ群落へ通じる道路がある。レンタカーを降り渓流に入ると、まちがいなく特徴のある板根を岩にからませたサキシマスオウノキが並んでいた。大木はない。しかし、標高三〇〇ｍに沿って水平に山地にあるのではなく、あくまでも谷沿いにある。津波で種子が運ばれたというより、宮良湾河口から川沿いに少しずつ登っていったと解釈するのが妥当かなと思う。

河口から標高三〇〇ｍ付近までサキシマスオウノキが繋がっているのではと思うが、海岸まで渓流を下って確認してはいない。於茂登岳には名蔵川沿いにも登れる。ここにもサキシマスオウノキがあるのではと思っている。ともかく、サキシマスオウノキは海水がなくても育つことがわかる。西表島でもユツン川ではマングローブがなくなったあとの川沿いに標高八〇ｍ付近まで分布する。

沖縄本島北部にちがう遺伝子をもったサキシマスオウノキがある

石垣島於茂登岳山頂近くのサキシマスオウノキがもっと古い起源をもつ別亜種か、そんなことはないだろうとは思ったのだが、調べてみる価値はある。当時、修士課程の大学院生であった二井一樹さんがＤＮＡ解析の技術をもっていたので、シンガポール、ジャワ、スマトラなどのサキシマスオウノキ（*Heritiera*）属、西表島、石垣島、沖縄本島各地のサキシマスオウノキのサンプルを集めた。沖縄本島北部の東村川田下福地には村指定、国頭村の安波には県指定の大きなサキシマスオウノキがあるし、慶佐次のマングローブも有名なものだが、ここにもサキシマスオウノキがある。

ＤＮＡ分析の結果は西表島、石垣島、沖縄本島南部と、沖縄本島北部東海岸の東村の慶佐次、福地、国頭村の安波のものがちがう遺伝子タイプを示すことがわかった。なぜ、沖縄本島北部東海岸のものだけがちがうのだろう。さらに北の奄美大島のサンプルは分析していないのだが、奄美大島のものがどうなのだろうと気になる。黒潮は琉球列島東側の太平洋の方が流れはきついのであろうが、地理的には沖縄本島北部が特別だという理由はないように思われる。

沖縄本島北部東海岸に、西表島、石垣島、さらには沖縄本島南部とはちがうDNAをもったサキシマスオウノキが分布することを発見したのは貴重だが、アフリカ東海岸から南太平洋、東南アジア、そして日本でも奄美大島のサキシマスオウノキを含めて、もう一度DNA分析をしないといけないようだ。私の研究で残された課題の一つである。

30-4 宮良湾に注ぐ宮良川の上流のサキシマスオウノキ

31 ギャンブル
（闘鶏・闘魚・カブトムシ・コオロギ）

闘鶏

東南アジアではギャンブルは身近なものだが、パチンコ・パチスロは禁止されている。田舎ではタマリンドの木陰や高床式の小屋の中で昼間からよく賭けトランプをしている。インドネシア、ジャワのバンドン近くのガルットには闘羊場がある。大きな角を打ち付けあって闘う。とてもヒツジとは思えない獰猛な面構えだ。闘鶏は東南アジア全域で盛んで、どこにでも闘鶏場がある。インドネシアでは闘鶏は禁止だとも聞いたが、バリ島には有名寺院の境内に闘鶏場があった。

闘鶏のニワトリは赤褐色のいわゆるシャモ（軍鶏）が普通だが、白いシャモもいる。シャモもタイの旧名シャムから来ているという。シャモは二羽いっしょに入れるとけんかするので、大きな半球形の竹かごに一羽ずつ入れている。闘鶏は両者同時に飛び上がって口ばしでつつく空中戦だ。同時に脛にある蹴爪で鋭くひっかく。口ばしでつつくより蹴爪で切りつける方が効く。

タイ語では闘鶏のことをチョン・カイという。闘鶏場で一番前に陣取って観戦したことがある。どちらが勝ったのか判断できない試合もあった。判定になったらしいのだが、眼の前でお金のやり取りがあった。試合が終わると傷だらけのニワトリを持ち主が抱きかかえ、傷口を直接なめてやったり、外科医のように糸と針で傷口を縫ったりしていた。

これにくらべフィリピンの闘鶏では勝負はきわめてはっきりしていた。蹴爪に鋭い刃物をつけるのである。両方いっしょに飛び上がって蹴り合う。下りてきたとき、どちらかがバタッと倒れる。血が噴き出している。

31-1 闘鶏（タイ、コンケン）

一度でも負ければ、焼き鳥として食べられてしまう。焼き鳥にされたくなければ、勝ち続けるしかない。何勝何敗はないのである。きびしい世界だ。それでも、騒音の中で一人でやるパチンコに比べ、闘鶏は大勢でお祭り気分になれる健康なギャンブルに思えた。

トウギョ（ベタ）（闘魚）

タイでは闘魚も盛んである。プラーガット（プラーは魚、ガットは咬むの意）と呼ばれるベタ（*Bettaa splendens*）を戦わせる。体長は五～八cm、紫がかった青色のきれいな魚で、オスの方が尾びれが長い。日本で

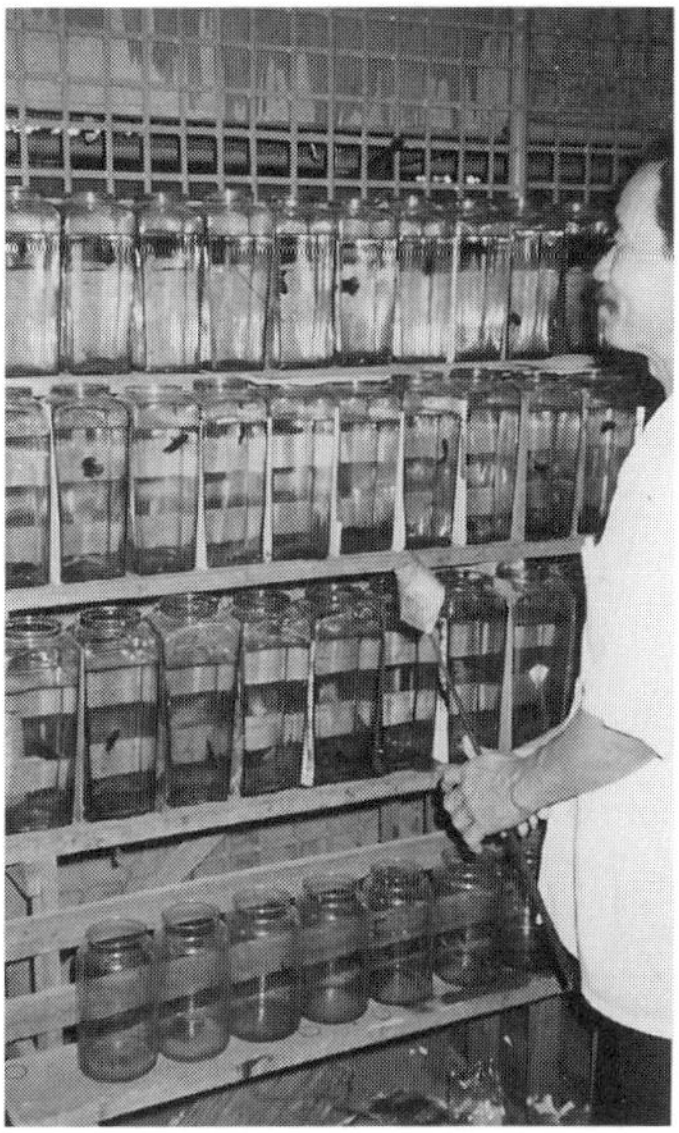

31-2 売られる闘魚ベタ（タイ、バンコク）

飼育されているものは品種改良によって金魚のように大きな尾びれをもっている。

タイの市場にはベタを一匹ずつ広口ビンに入れて売っている。コーヒーの空きビンなどで、水はあまり換えなくてもいいようだ。二匹を一つのビンに入れると突然けんかを始める。咬みつくと離さない。どちらかが死ぬまで戦うという。試合をみていると逃げた方が負けで、これは勝負がはっきりしていた。ともかく闘争心旺盛な魚である。

この魚はタイ南部の池沼などで野生のものをみたことがある。雄が泡で巣を作り雌の産んだ卵を集め、孵化まで保育する。そのため巣を守る本能が強く、侵入者を追い払うのだと聞いた。市場ではボウフラを売っている。ベタのえさである。

カブトムシのけんか

タイには後ろ向きに反り返った長刀のような大きな角と前向きに二対四本のまっすぐな角をもつ、格好いいゴホンヅノカブト（*Eupatorus gracilicornis*）がいるのだ

31-3 ヒメカブトムシ（タイ、コンケン）

が、これはどうもけんかには使わない。けんか嫌いらしい。カブトムシのけんかをチョン・クワンという。子どもの遊びだが大人も熱くなる。賭けているからだ。戦わせるのはヒメカブトムシ（*Xylotrupes gideon*）である。前に突き出た角より背中にある二股の角の方が大きい。けんかをさせられるので、背中の角が大きくなったのかなとさえ思える。

古都チェンマイの城壁の外を流れるピン川沿いの野外市で九月頃、サトウキビにくっつけてたくさん売られている。棒の上に雄二匹を載せ、戦わせる。角で放り投げることは少ないが、脚が棒から離れた方が負けだ。サトウキビの砂糖液を吸わせるなどして鍛えているという。栄養ドリンクを飲ませるとも聞いた。

コオロギのけんか

中国のコオロギのけんか（闘蟋蟀）も知られている。映画「ラストエンペラー」でも戦わせるシーンがあった。これはインドネシアにもある。インドネシア語でアドゥ・ジャンクリックとかジャワ語でブラクラヒ・クムバンとかいっていた。とくに中部ジャワで盛んだ。コオロギ自体はそのへんにいくらでもいる。中部ジャワでは子どもが空き箱に薄く裂いたタケを縦横に組み合わせて部屋を作り、けんかしないように一匹ずつ大事に入れていた。たくさんの種類があるはずだが、とくに大きなコオロギではなかった。けんかさせるのは、どのコオロギでもいいのか、特定のコオロギだけなのかは確かめていない。

二匹を一緒にするとあっという間にけんかが始まる。コオロギ二匹を一方を透明のポリ袋で閉じたタケ筒に入れ、中のけんかをみるのである。大人は大きな箱の中に入れ、戦わせるようだ。リー・クン・チョイ『インドネシアの民俗』（サイマル出版会 1979）によれば、コオロギをけんかさせる前に刷毛を使ってからだをさすってやると興奮する、トウガラシを食べさせると強くなる、さらにはコオロギの額を刃物で薄く切るとより怒り、強くなるという。辛いトウガラシをコオロギが本当に食べるのかどうか知らないが、トウガラシを無理やり食べさせられ、額を切られてはコオロギだって当然、怒り狂うだろう。

McNeely, J. A. & P. S. Wachtel:『Soul of the tiger1988』（ソウル・オブ・タイガー　野中浩一訳　心交社 1993）の中で東南アジアでの闘鶏、闘牛、闘羊、闘魚、あるいはコオロギやカブトムシの喧嘩は、首狩りのなごり、血をみたいという人間の本能が動物を闘いの道具に使ったスポーツに置き換わったものだと述べている。

31-4 闘うカブトムシがたくさん売られている（タイ、チェンマイ）

高知・四万十市や鹿児島・加治木のクモ合戦も知られているが、これはまだみていない。このクモ合戦は、フィリピンにもあるようだ。

確かに、東南アジアには古くから動物を戦わせる伝統がある。戦わされる動物のほうは迷惑千万だろうが、それでも、戦争に代わるものなら、この伝統は大歓迎だ。ただし、麻雀といっしょで、賭けないと面白くないことも確かだ。

32

ドリアン　果物の王様

天国の味・地獄のにおい

東南アジア起源の果物ドリアン（*Durio zibethinus*）は大好きと大嫌いの両極端に別れる不思議な果物だ。日本に似たもののない味とにおい、その表現・説明はむつかしい。まさしく、東南アジアの味とにおいというほかない。東南アジアへ行って、どこからともなく漂ってくるドリアンのにおいを嗅ぐと、「ああ東南アジアに来ている」という実感が湧く。とはいえ、東南アジアでもドリアンは飛行機にもホテルにも持ち込めない。ホテルの入口にドリアンの絵があり、それに大きく×が書いてある。黙って通ろうとしても、においでばれる。東南アジアにもドリアンの嫌いな人はいるし、外国人も多い。このルールにはドリアン好きの私もとくに異義はない。

一九六三年の一一月から一九六四年の二月までの森林調査で、東北タイからマレーシア国境の南タイまで南下したのだが、この時はドリアンをみていない。乾季の最中、端境期であったためであろう。ドリアンを初めて食べたのは、一九六五年二月から四月までタケ林の調査で二度目のタイに滞在中、千葉喬三さんと南タイ、トランまで行き、ここの市場でドリアンをみつけたときだ。買ってホテルまで持ち帰った。当時、支那宿と呼ばれていた安宿で、ドリアン持ち込みに問題はなかった。堅い殻の開け方がわからなかったので、ボーイを呼びあけてもらったが、二人とも一口食べただけで、二つ目に手が伸びない。どちらからともなく、「ボーイにやろう」ということになった。ボーイがうれしそうにもっていった。あるいは、はずれだったのかもしれない。

32−1 ぶら下がるドリアン（タイ、チャンタブリ）

これまで一二五回の海外渡航をし、多くが東南アジアなのだから、ドリアンを食べる機会は多かった。好きになってからは、地域ごとでちがう品種を探し、現地の共同研究者においしいものを品定めしてもらって食べた。やはり、あたりとはずれがある。インドネシアのドリアンは小さいが、スラウェシへ行ったときなど、チャーターしたタクシーのトランクに二〇個も詰めたことがある。ところが、食べていると中から虫がでてきた。あの硬い殻の中に入る蛾の幼虫がいたのである。

最近、日本の大手スーパーにも時にドリアンが並ぶようになった。ドリアンファンが増えているとうれしがっているのだが、インターネットでその評判を検索すると、ドリアンを「プロパンガス」、「腐ったチーズケーキ」、「流し台の三角コーナー」、「どこかにネコの死体がある」など、ドリアン好きには耐えられない書き込みが並んでいた。世の中には悪臭検知器なるものがあるが、納豆が三五〇、ドリアンが一、五〇四、スウェーデンの名産でニシンを発酵させたシュールストレミングが一、八四五だとしていた。どれも人によっては食欲をそそるにおいで必ずしも悪臭ではない。

32-2 ホテルの入口にはドリアン持込み禁止の標識（タイ、バンコク）

ドリアンは果物の王様

ドリアンは「果物の王様」といわれている。その評価が大きく二つに分かれる果物だ。誰が食べてもおいしいといわれるマンゴスチンやマンゴー、あるいは温帯の果物リンゴやブドウに王様の称号を与えるのはわかるが、ドリアンを王様だといった人は誰なのだろう。名もない人がいっても認められるはずがない。となると、やはりビクトリア女王しかいない。いろいろと調べてみたのだが、ビクトリア女王がマレーシアを視察したとき、世界中に英国旗ユニオンジャックが翻るのに、世界一おいしいといわれるマンゴスチンをロンドンで食べられないのは残念、味わえるのならインド全土と交換してもいいといったという。これならわかる。当時、生のマンゴスチンを植民地だったマレーシア、ミャンマー、スリランカなどからロンドンまでは運べなかったのである。しかしこれは、ドリアンでなくマンゴスチンの話である。

それなら、シンガポール開拓者で、イギリスの東インド会社のジャワ副領事を務め、大著「ジャワの歴史」まで著し、巨大な花ラフレシアの発見者でもあるスタンフォード・ラッフルズ（T. S. Raffles）ではないかと思ったのだが、彼はドリアンが大嫌いで、シンガポール総領事時代、ドリアン売りが来ると、そのにおいが漂ってくるだけで、たまらず二階に駆け上がり、その後、頭痛を訴えたという。

あるいは、東南アジアに八年間も滞在し、動物・昆虫を採集し、ボルネオとスラウエシの間で動物相が大きくちがうことを確認したウオーレス（A. R. Wallace）かなとも思った。実際、彼の著書『Malay Archipelago マレー諸島』（Millan, 1898）の中で「ドリアンを食べるだけに東洋へ航海してみる価値がある、躊躇なくドリアンとオレンジを果物のキングとクイーンに選ぶ」と述べている。しかし、探検家の一言で決まったとも思えない。ドリアンを果物の王様といいだしたのは誰なのか、その起源を知りたい。

消える品種

ドリアンにはたくさんの品種がある。大きさ、かたち、殼（種皮）の色、果肉（仮種皮）の色、におい、味がちがう。最大七～八kgにもになり、外側に大きく鋭い棘がある。素手では痛くてとてももてない。熟すと縫合線で割れ、五つにわかれる。ドリアンの熟すころ、産地ではドリアンを道路脇で売っている。産地直売だ。眼の前で割ってもらって食べるのだから、売る方も一番いいものを割ってくれる。においは気にしなくていい。ドリアンは野外で食べるのに限る。ドリアンのにおいは食べた後、果皮の内側に水を貯め、それで口を漱ぐと消えるとされる。効果には若干の疑いがあるが、私もそうしている。

　ドリアンにはたくさんの地方名・方言がある。マレーシアでは約１００品種あるとされるが、市場にでるのはせいぜい10品種だという。D2、D24はマレーシア原産の品種だが、D123などはタイのカニ（チャニー）である。インドネシアでも推奨品種は一四とされ、スマトラのスス（ミルクの意）がおいしいという。タイでも品種改良され、においが少なく、種子のないものが主力になっている。モントン、チャニー、カンヤオである。

32-3 産地で外で食べるのが一番（バリ、エカカルヤ）

　タイ東部カンボジアに近いトラットのマングローブ研究施設の小屋へ泊めてもらったとき、部屋の中に小さなドリアンが三個おいてあったが、このにおいはすごかった。バンコクに戻ってもシャツにしみ込んだにおいがとれなかったほどだ。今ではこんなものは市場にはでない。ローカル品種が急速に消えているようだ。
　ドリアンは生食だけでなく、さまざまな食品に加工される。最近のはやりがドリアン・チップスだ。買うならドリアン羊羹（タイのトゥリアン・クワン、インドネシアのドドール）をすすめたい。このほか、ちょっと気をつければ、ドリアン入りのキャンディ、ビスケット、アイスクリーム、ドーナッツ、月餅など、すぐにみつかる。シンガポールにドリアン餡の菓子パンがあった。驚いたのはバリ島にあった瓶入りのドリアン・シロップだ。これはまさしくドリアンであった。
　私のお奨めはタイのカオニァウ・トゥリアンだ。蒸したばかりの暖かいおこわにドリアンを潰しながら食べるデザートだ。ドリアンはホテルや機内にはもちこめない。高級ホテル内のレストランにはないかも知れない。しかし市場に行けば出会えるだろう。シーズンのものであるが、ぜひ味わっていただきたい。

33 八つ又（八股）のココヤシ

熱帯の景観をつくる

「熱帯とは」と聞かれれば、地理学的には赤道を中心に北回帰線と南回帰線に挟まれた地域だが、景観的にはすらっと伸びたココヤシのあるところといった方がイメージとしてはわかりやすい。バナナかなとも思ったが、ちょっと背が低い。やはりココヤシが熱帯の景観だろう。

ココヤシ（*Cocos nucifera*）は単幹直立で直径五〇～八〇cm、樹高三〇mに達し、先端部に二〇〇～三〇〇枚の小葉をもつ五～七mもの長い羽状葉がつく。典型的なヤシの樹形である。単幹直立といったが、風向や地形で弓なりに曲がっていることが多い。海岸にあるココヤシの葉が風に揺れるのもいい光景だ。海岸にあるホテルではよくこのココヤシの下にキャンバス・ベットを置いてあり、涼しい海風の中で昼寝できたり、夜にはテーブルに食事を運んでくれたりする。快適な時間だが、実はきわめて危険だ。

33-1 バリ島の三つ俣のココヤシ

「20 サルの大学」のところでも書いたが、大きなココナッツが直撃すれば死亡事故になることもある。実際、ココヤシの下で夕食中、私のすぐそばにドスンと落ちてきたことがある。大きなホテルでは事故防止のためココナッツを自然落下まえに落している。

ココヤシの果実をココナッツというが、人の頭大で丸みを帯びた円錐形、重さは大きいもので三・五kgにもなる。この外側、外果皮は堅く灰褐色、中果皮は粗い繊維

（ハスク）、果皮は硬い殻（シェル）でできている。開花後、果実が成熟するまで一年かかるという。未熟の時は果水で満たされているが、熟すと内果皮の内壁に白い胚乳層が発達する。この硬い内果皮の中の水（胚乳液）をココナッツ・ジュース、胚乳を削ったものをココナッツ・ミルク、胚乳を乾燥させたものをコプラという。ココナッツ・ジュースは飲用、ココナッツ・ミルクはカレーやスープなど料理用、コプラはココナッツ・フレークとして料理のほか、これを搾ったヤシ油は石鹸、界面活性剤など工業原料として利用される。花の根元を切りぽとぽと落ちる樹液をタケ筒など受け。これを発酵させてヤシ酒、煮詰めてヤシ糖をつくる。食用以外にも多様な用途があり、住民の日常生活に欠かせないものだ。生食用、コプラ採取用など、三〇種以上の品種があるとされる。最近は果皮が金色（黄色）のものがホテルなどで鑑賞用に植えられている。

33-2 タイ、サムイ島の八つ俣のココヤシ

原産地は南太平洋諸島とされるが、古くから広く熱帯各地で栽培されている。海岸部では海流に流されて来たことがわかるが、内陸部での分布はまちがいなく人が持って来たものだ。ポリネシアなどでは長い航海に必要な飲用水として、ココナッツを持ち運んだという。海流とともに人為的な移動も大きかったようだ。

珠孔（発芽孔）は三つだが、発芽は一つ

硬い殻には三つの珠孔（発芽孔）があり、これがサルの顔にみえる。学名の*cocos*はポルトガル語のサルの意味である。実際、よく似ている。殻の中には胚は一つしかないので、芽は一つしかでないのだが、時に二つでてくることがある。インドネシア、ボゴールで一つの殻か

ら二つの芽がでたものをみたことがある。これも珍しいことらしい。

東南アジア各地の海岸に生えており、硬い殻なので腐ることなく、海流に乗り日本の海岸にもよく流れ着く。紀淡海峡の友が島の太平洋側、深蛇池の海岸にも完全な形をしたもの、荒い繊維の露出したものなど、いくつも流れ着いていた。ここで発芽生育しないものかと思ったが、温度が足りない。日本では奄美大島・沖縄以南でないと生育しない。

島崎藤村作詞・大中寅二作曲の「椰子の実」という歌がある。これは愛知県伊良湖岬に流れ着いたココヤシを詠ったものだとされる。しかし、信州にいた藤村はココヤシの実などみたこともなく、柳田国男からこの話を聞いて作詞したとされる。想像力豊かな人だったようだ。この歌詞に「旧の木は生い茂るれる　枝はなお影をやなせる」とある。先に述べたように、ココヤシには枝はない。藤村がココヤシをみていない証拠だ。

四つ又・八つ又のココヤシ

ココヤシはすらっと伸びた単幹だと述べた。ヤシ科の単子葉植物なのだから、幹は一本のはずだ。ココヤシに枝を描いたり、幹を二又、三つ又にしたら、こんなもの有り得ないと笑われるだろう。枝はないのだから枝分かれはないのだが、幹が四つ又になったもの、八つ又に幹分かれしたココヤシを実際にみたことがある。

バリ島の観光地バトゥール山やブサキ寺院への途中、クルンカンの手前タクムンというところの道路わきに三つ又と四つ又のココヤシがある。何度も行っているバリ島で、ある小さな旅行社のガイドと親しくなり、いつも彼を指名するようになった。私たちの興味を知り、幹が三つ又、四つ又になったココヤシの存在を教えてくれたのである。三つ又のココヤシは水田の脇に、もう一本の四つ又はその近くの小さなヒンドゥ寺院の中にあった。残念ながら四つ又のものは数年後に枯れていた。

もう一本は何と八つ又の大蛇だった。これはタイ南部、スラータニの沖にあるサムイ島でみた。サムイ島とその近くのパンガン島へ行ったのは二〇〇〇年一二月のことだったが、スラータニからサムイ島へのフェリーは鹿児島～桜島袴腰港に使われていたものだった。案内などはすべて日本語で書かれていて、鹿児島から桜島へ向かう心境だった。

サムイ島はほぼ平ら、全島がもの凄い数のココヤシに覆われている。ここに八つ又のココヤシがある。このココヤシ（Eight headed coconut tree）の存在は知られたものらしく、上陸後、すぐに案内してくれた。根元で八本に分かれているのではなく、先端部で箒のように枝がでたものだ。きわめて珍しいことらしいが、根元か途中で幹分かれしているものと想像していただけに、迫力には欠ける気がした。

33-3 見渡す限りが収穫されたココナッツ（タイ、サムイ島）

ココヤシで覆われた島、ていねいに探せば他にもあるのではと聞いてみたが、他にはないとはっきりいわれた。熱帯ならどこにでもあるココヤシ、枝分かれ・他にもあるのではと思っていたら、トンガにも三つ又、フィリピンの西ビサヤに九つ又のココヤシがあることを知った。

インターネットで「Branched coconut tree」で検索すると、たくさんの枝分かれしたココヤシの写真がみられる。驚くような樹形だが、どこにあるか場所が書かれていない。基本的にはアフリカ原産のドームヤシのような二又分枝が、時にココヤシにも発現するようだ。

サムイ島やトンガを訪問されることがあったら、この八つ又や三つ又のココヤシをみに行かれるといい。極めて珍しい現象だが、生物の世界にはこんな例外、奇形・突然変異もある。

34 オオコウモリ（ミクイコウモリ）

飛ぶキツネ

　ジャングルの中でなく、東南アジアの大きな都市でもみることのできる熱帯の動物の一つが、世界最大とされるジャワ（マレー）オオコウモリ（*Pteropus vampyrus*）だ。体長は四〇cm、体重は一・一kg程度だが、翼長は最大二・一mにもなるとされる。日本でイメージするコウモリは小鳥のように敏捷に飛び、虫を捕っているものだが、オオコウモリは夕空に大きく翼を広げゆうゆうと飛ぶ。ミクイ（実食い）コウモリ、あるいはフルーツコウモリと呼ばれるように、もっぱら野生のイチジクなど木の実を食べているが、時にバナナ園、パパイア園など果樹園を荒らすことがある。

　学名のバンパイアー（*vampire*）は、吸血鬼ということだが、まちがいなく果実食で人の血は吸わない。オオコウモリはマダガスカルから熱帯アジアを通り、オーストラリア北部、南太平洋のサモアまで広く分布する。英名はFlying fox（飛ぶキツネ）である。長く突き出た口と顔、頸から胸にかけてふさふさした毛が生えている。顔だけみれば確かにキツネのようだ。オオコウモリの仲間は一七〇種近くもいるとされる。

　日本にも南西諸島にクビワオオコウモリ（*P. dasymallus*）、小笠原にオガサワラオオコウモリ（*P. pselaphon*）がいる。沖縄・大東島ではダイトウオオコウモリが民家のまわりのフクギの実を食べに来るので、活動期に行けば簡単にみることができる。

　私が初めてオオコウモリをみたのは、一九七四年二月、マレー半島中央部にあるベラ湖である。ネグリセン

34-1 葉のない枝にぶら下がる（インドネシア、ボゴール）

ビラン州パソーでの森林調査に滞在中、湖沼班の運転手として一週間ほどベラ湖へ行った。毎夕、湖上にカヌーをだし、寝転がって夕空を眺めた。決まった時刻にオオコウモリが現れるからである。大阪教育大学教授の水野寿彦先生とその数を数えた。ノートをみると、ある日の飛来数は水野六九〇、渡辺六五〇と書いてある。一群が通過するのにほぼ1時間かかった。それが終わるとあたりは真っ暗になる。ここではオオコウモリをケルアン(Keluang)と呼んでいた。

確実にみるならボゴール植物園

インドネシア、ジャカルタの南にあるボゴール(旧ボイテンゾルグ)には有名なクブン・ラヤ(ボゴール植物園)がある。ここで簡単にオオコウモリをみることができる。ここではカロン(Kalong)と呼んでいる。以前は入口に近いところ、ゲストハウス近くにいたのだが、最近は中央部の針葉樹区のナンヨウスギにぶら下がっている。それも樹冠頂上部の葉のない枝にいる。たくさんのオオコウモリがとまることで枝が枯れてしまったのである。活動はもちろん夜だ。

ということは、夕方飛びだすまで、暑い陽射しの中にいることになる。いつも、「何で涼しい葉の中に入らないの、熱中症になるよ」と、忠告する。コウモリもまちがいなく暑いのだろう。じっとしているわけではない。翼を右左交代で動かしている。扇子か団扇で扇いでいるようだ。逆に雨の時は両方の翼を閉じ、じっとしている。時に真昼でも一斉に舞い上がることがある。

ボゴールにはよく行き、いつも植物園内のゲストハウスへ泊めてもらっていた。幽霊が出るという噂の建物である。昼間は賑わう園内も夜は人っ子一人いない静寂の暗闇である。樹木全体がパパッと輝くホタルの木もあった。朝早くには池からあがってきた大きなミズト

34-2 真昼に一斉に舞い上がる(ボゴール)

34-3 落ちたオオコウモリを広げる少年（バリ島サンゲェ）

カゲが近くまで来る。部屋の中で「サソリだー」といってパニックになった学生が新聞紙で叩き、あたり一面きつい酢酸臭が立ち込めたことがある。サソリでなく、しっぽの長いサソリモドキ（ムチサソリ）であった。

大きなヤモリのトッケーはいつでもいて、大きな声で「トッケー」と鳴いていた。

さて幽霊だ。一人で泊まると必ず出るといわれていたが、残念ながら一人で泊ったことがないのでいまだ幽霊には会っていない。しかし、でてもおかしくない雰囲気を持つ、天井の高い、大きな洋館である。

夕方、オオコウモリが飛び出す時間を見計らい外へ出ると、サッサッという羽音、グワッグワッという鳴き声が聞こえてくる。いつも一定方向へ飛んでいく。園内では餌が十分ではないのだろう。確実にみられるといって案内したのに、ある時、まったくいなくて参加者をがっかりさせたこともある。

オオコウモリ自体は先のベラ湖やこのボゴール以外にも、ミャンマーのヤンゴンと遺跡の街バガンへの中間にあるイラワジ（エーヤーワディ）河畔のピエイにもいる。朝、どこで休んでいるのか確かめに行くと河畔の数本のアメリカネムノキにかたまっていた。その木の下には民家さえあった。インドネシア、バリ島のサンゲエイのブキットサリの森にもいた。ここでは落ちたオオコウモリを子どもたちが捕まえ、翼を広げて遊んでいた。棚田のきれいなパチュンではニシキヘビと一緒に観光客に抱かせていた。オーストラリア北部、ダーウィン近郊のキャサリンにもいた。私がみた最大のコロニーはスリランカ、ペーラーデニヤ植物園である。川沿いの大木にたくさんのオオコウモリがぶら下がって、それが延々と続いた。

食べられるオオコウモリ

大きなからだ、それも果実食なのだから、オオコウモリは食べるとおいしいといわれる。タイの古都チェンマイのゲテモノ料理店で食材として金網の小屋にぶら下がっているものをみたが、目が合うと「こいつに食べられるのか」と悲しそうに眼を閉じたので、注文しなかった。ラオスの古都ルアンパバンの市場でも、丸焼きのオオコウモリが売られていた。ラオスにも分布すること、食べられていることがわかった。

34-4 市場で売られるオオコウモリの丸焼き（ラオス、ルアンパバン）

　オオコウモリについての疑問が、森の中にいるのになぜぶら下がるのだろうということだ。ぶら下がっていては頭に血が昇る？いや、血が下がってくる。体によくないのではと思ってしまう。インターネットで「なぜコウモリはぶら下がるのでしょう」、という質問に、「コウモリは洞窟に住む、その洞窟には天井しかとまるところがない、ぶら下がるしかなく、そのため爪が強くなっている」、という答えがあった。確かに日本のコウモリの多くは洞窟か樹洞に住んでいる。ぶら下がるしかないかも知れないが、東南アジアのオオコウモリは洞窟でなく、森の中に住んでいる。ぶら下がらなくても鳥のように枝にとまってもいいはずだし、そんなコウモリがいてもよさそうにも思う。

　前田喜四雄『コウモリのふしぎな世界』（大日本図書1990）では、「空を飛ぶ動物はできるだけ体重を軽くする必要がある。コウモリは肢を軽くした。これでは枝にとまってからだを支えられないが、ぶら下がると支えられる」としている。それでも生物の世界には例外がいつもある。森の中にいるオオコウモリをみていると強い筋肉を発達させ、鳥のように枝にとまる奴がいてもよさそうな気がする。

　「無鳥里（島）の蝙蝠（とりなきさとのこうもり）」ということばがある。空を飛んでも鳥類とは違うのだと枝に止まらずぶら下がる習性をかたくなに守っているのだろうか。

35

東南アジアの「青いご飯」

青いご飯　チョウマメ

日本ではハレの日のお祝いはナンテンの葉がのった赤飯である。もともとは赤米のもち米であったが、現在では小豆やササゲを入れて赤く着色する。ところが東南アジアには青い、というより薄い水色のご飯がある。タイ、インドネシアでごちそうになったことがあるし、マレーシアにもある。バリ島ではヒンドゥの神に捧げるチャナンという捧げ物のご飯が青かった。

これはチョウマメ（*Clitoria ternata* マメ科）の花を揉む、あるいは潰して食品を青く染めたものだ。原産は熱帯アジアだとされる。花は濃い紫から白・ピンクのものまで、一重のものや八重のものもある。日本でも夏の間はよく育ち、花もきれいで、若いさやは野菜として食べることもできる。

英名はバタフライ・ピース（ビーンズ）、インドネシアでブンガ・ビル、カチャン・プキ、中国名は蝶豆、藍胡蝶、タイではアンチャンと呼ぶが、家屋周辺で生け垣に這わせているし、野生化したものもよくみる。この花で色付けしたご飯をカオ・アンチャン（チョウマメご飯）と呼ぶ。ハレの日の食べものだという。

35-1 チョウマメ

タイではカノム・ティアンと呼ぶ蒸し菓子も、米粉をチョウマメの花で青く染めバナナの葉で包んで蒸したものだ。初めてみる方は青いご飯、青い蒸し菓子に少々たじろぐかも知れないが、製造過程をみれば、植物性食品着色料による着色だ。安心して食べられる。この花できれいな青のハーブティができるが、レモン汁を入れると赤紫に変わるのも楽しい。

平戸藩主松浦熙が作成を命じた「百果之図」（弘化二年、１８４５）にはこのチョウマメで着色したお菓子の記載がある。当時すでにチョウマメが渡来し、着色できることを知っていたらしい。

　最近、日本にも青いご飯があることを知った。紫キャベツに少し重曹を入れてご飯を炊くと青いご飯になるそうだ。ところがこれはみただけで食欲が減るダイエット用だという。青くてもコシヒカリで炊いたご飯はおいしいだろうと思うのだが、食欲がなくなるとは残念だ。東南アジアで青いご飯を食べていただき、おいしいものだと知っていただきたい。滋賀県長浜で琵琶湖長濱ブルーとして、黒壁スクエアのレストランで青いご飯、青いパフェ、青いドリンクなど、チョウマメで着色したものが提供されている。人気商品になれば面白い。

カニ蒲鉾　ベニノキ

　ベニノキ（アケノキ）(*Bixa orellana* ベニノキ科）は樹高せいぜい五m、樹形や葉にとくに目立つ特徴はないが、直径三~四cmで、棘状の毛で覆われた鮮やかな赤い果実がついていれば、人目を惹くものだ。毛は柔らかく触っても痛くない。ちょっと、果物のランブータンに似ているかも知れない。東南アジアのどこでも、庭木・鑑賞用として植えられている。果実は縦に二つに割れ中央に、多いものでは二〇~三〇個の種子が対になってついている。種子は長さ三mmほど、ほぼ正三角錐の小さなものだが、これに触ると指の先が鮮やかな赤褐色になる。

　原産は熱帯アメリカ・西インド諸島で、現地名はアナトー、アキオテ、英名をリップステック・ツリーという。口紅としても使ったようだ。アマゾンのインディオが顔やからだに赤い線や模様を描いているのもこれだという。フィリピンでは市場やスーパーで、この種子そのものが、アチュエテ（Atsuete）として、小さな袋入りで売られている。これで食品を赤く着色するのである。日本にはないものだろう。

　この赤い色素はカロチノイド系の色素で主成分はビクシン（ノルビキシンカリ

35-2 ベニノキ

35-3 青いごはん（タイ、チェンライ）

ウム）というもの、これが食品着色料として輸入されている。カニ蒲鉾、桜餅、羊羹、ハム・ソーセージ、ジャム、明太子など、赤い食品の原材料の表示に「アナトー」とあるのをすぐにみつけられよう。ベニノキでの着色である。

パンダナス・ジャム　ニオイアダン

ニオイアダン（ニオイタコノキ）（*Pandanus odorus* = *P. amaryllifolius* タコノキ科）はアダンの仲間、葉は長さ七〇cm、幅二・五cmの細長いもので、縁に鋭い棘がある。葉をむしるといい香りがする。タイではバイ・トゥイ、マレーシアでパンダン、インドネシアでパンダン・ワンギなどと呼ばれ、広く栽培されている。肉・魚などをこの葉に包んで焼き、香りをつける。タイの有名な料理「ガイ・バイトゥイ」は鶏肉をこの葉で包み炭火で焼いたり、唐揚げにしたものだ。

　ご飯を炊くときにもこの葉を入れ香りづけする。カオ・バイトゥイという。冷たい水に入れてハーブティとしても呑む。他にもこの葉で小さな箱を作り、中にタピオカ（キャッサバ）でんぷんとココナッツ・ミルクでつくったお菓子を入れて蒸すなど、香りづけや緑色の食品着色料としてよく使われる。

35-4 パンダナスジャム（タイ、バンコク）

　驚いたのはバンコクの高級ホテルの朝のバイキングに、パンダナス・ジャムがあったことだ。「Pandanus jam」と表示があった。葉をすりつぶしたのだろうか、製法を知りたいものだ。賑わう夜店にはかならずほうろう製のバットに入ったたくさんの蒸し菓子が並んでいる。けばけばしい赤や緑で色付けされていて、甘党の私もたじろぐが、その中に薄い緑色のういろうのようなものがある。タイではカノム・カンという。普通、厚さ五cmくらいだが、断面をみると何層かが重なったように色が換わっている。ココナッツ・ミルクの香りもする。この薄い緑はニオイアダンでの着色である。

赤い清涼飲料水　ロゼル

東南アジアではホテルのウエルカム・ドリンクに鮮やかな赤いドリンクがでてくることがある。私はいつもこれをもらう。タイでカチャップと呼ばれるロゼル（*Hibiscus sabdariffa* アオイ科）の実を搾ったものだ。こういった天然着色の飲み物があるのに、けばけばしい人工着色が好まれるのも不思議だ。ロゼルは畑の隅によく植えられているし、市場でも売られている。日本でも沖縄本島北部東村にこのロゼルのジャムがあった。

本当に着色料か？　ナンバンギセル

ナンバンギセル（*Aeginetia indica*）は万葉集でも「思い草」とも呼ばれ、ススキ、サトウキビ、ミョウガなどに寄生する植物で、秋のハイキング、それも里山のススキの根元に咲くナンバンギセルとの出会いはうれしいものだ。

タイ北部ウッタラディットの市場に、ナンバナンギセルの花の生のものと干したものがあった。花を搾ると紫色の液が採れ、これで食品を紫色に染めると聞いた。

35-5 ナンバンギセル（タイ、ウッタラディット）

チョウマメと同じような使い方なのだろうか。しかし、みたのはここ一ヵ所だけで、それで着色した食品をまだ食べていない。それよりも、このナンバンギセルが市場にだせるほど、たくさん採れるというのも驚きだ。

36

松やに（オレオレジン・ロジン）

フォックス・テイル（Fox tail）

マツ類は主として北半球の高緯度地域に分布するものだが、インドネシア、スマトラ島ではメルクシマツ（*Pinus merkusii*）が山脈沿いに赤道を越えて南半球まで分布する。マツ類としては唯一、南半球に分布するものだとされている。マツ類としては唯一、南半球に分布するものだとされている。ボルネオにはキナバル山（標高四、〇九五m）があるのだが、ここにはマツ類は現存しない。中国の雲南省や海南島、フィリピン・ルソン島のバギオ、タイ北部など、いずれも少し標高の高いところに、素晴らしいマツ林がある。

しかし現在、マツが自然分布しないはずのジャワやボルネオなど各地に広大なマツ林がある。これは東南アジア原産の二葉のメルクシマツや三葉のケシアマツ（ベンゲットパイン）（*P. kesiya*）、あるいは中南米原産のカリビアマツ（*P. caribaea*）、オオカルパマツ（*P. oocarpa*）などをパルプ用樹種として導入・植栽したものである。北半球から南半球への移動で、それもスマトラからジャワへの移動でも、日長差の影響が現われ、枝がでず上長生長だけをするフォックス・テイル（狐のしっぽ）と呼ばれる奇妙な樹形が出現する。

36-1 フォックス・テイル（オオカルパマツ）（タイ、チェンマイ）

植栽当初、なぜこのような樹形になるのかわからず、土壌や気候との関係を疑ったようだが、原因は季節によって昼と夜の長さのちがうところから、一年中昼と夜の長さがかわらない熱帯に移され、マツは夏だと勘違いし、枝をださず雄花・雌花をつけない。原因は単純に日長差であったのだ。

樹皮に残る、矢筈形の傷

戦時中、大きなアカマツ・クロマツの樹幹の低いところに矢筈型の傷をつけ、流れだす松やに（樹脂・レジン）

を「松根油」といって採っていた。今でも神社などにある大きなマツにその痕跡が残っていることがある。松根油といったが、根を掘り起こして採るものでなく、樹皮に傷をつけて採るのである。この松やに熱を加えると揮発性のテレペン（テルペン Terpentine）と不揮発性のロジン（ガムロジン Rosin）に分けられる。テレペンを揮発油としてガソリン代替原料としたのである。戦時中、これで零戦を飛ばすつもりだったというが、実際に役だったのだろうか。

東南アジアでは現在でもこの松やにを各地で生産している。もっとも大規模で集約的な生産は海南島だった。

36-2 斜溝法での松脂採取（海南島）

ここでは南亜松と呼ばれるメルクシマツに日本と同じ矢筈形（斜溝法）で、長さ一〇～二〇cmの緩やかな斜めの溝が両側から中央へ規則正しくきれいに並んでいた。溝の傷は樹皮下・形成層まで達している。上下の長さが一mを越える長いものもあるし、一本のマツに上と下、二ヵ所につけられているところもある。松やには矢筈の先端につけたパラゴム採取用の陶製の容器で受けていた。タイ北部では樹幹を雨樋のように深く削り、滲出する松やにを空き缶で受けていた。ミャンマー国境に近いメーサリアンに小規模な精製工場がある。

もう一ヵ所、大規模な生産地はインドネシア、ジャワ島で、西部のスカブミ・バンドン周辺、あるいは東部のブロモ山周辺のメルクシマツ造林地で行われていた。樹幹に深さ三～五cmの深い溝が掘られ、流れ出す松やにをココナッツの核を半分に切ったもので受けていた。松やに採取の溝に長短があった。これはマツが樹齢一五年に達すると地上一〇cmからタッピングを始めることによる。樹皮の上から形成層に達する傷をつけるのである。松やにの採取は三日ごとで、その際に上を少し削る。す

36-3 インドネシア、ジャワ東部ブロモ山山麓での松脂採取林

なわち、一年で四〇cmずつ削り、高さ一五〇cmまで傷をつける。ここまでに三年かかる。溝に長短のある理由である。生長するに従い反対側にも傷をつけ始める。大きなマツには四ヵ所の傷があった。

丸太に大きな凹み

伐採されたマツの丸太をみると、どれも何ヵ所かが大きくへこんでいる。松やに採取の痕で、材としての価値を下げることになるが、マツ材と松やに採取の両方が目的なのだから仕方のないことなのだろう。このマツ林の管理は契約住民に各三haずつを任せている。住民が参加することで、盗伐や違法放牧がなくなるなど、森林保護の意識も高まるようだ。インドネシア林業省の統計では揮発性のテレピン生産が年間一四〇～五三〇万ℓ、不揮発性のロジンが一六、〇〇〇～三二、〇〇〇tとされている。インドネシアの重要な林産物の一つである。

このロジンがジャワ更紗（バティック）にも使われると聞き、有名なジャワ更紗生産地である中部ジャワ、ソロに近いプカロンガンの工場を訪ねた。ジャワ更紗に使われる蝋は人工のパラフィンが主で、これにロジンとウシの脂肪を加えたものだ。工場内に大きな松やにの塊がおいてあった。地域や工場ごとでちがうのかも知れないが、地場産業にも松やにが使われていた。

36-4 丸太が大きく凹んでいる

松やにが輸入されている。

実はこの松やにが身近なところで使われ、大量に輸入されている。最近の輸入統計では二〇一六年でロジンが三、五三二万tとなっている。このロジンは製紙の際、紙に混ぜ、印刷された時にインクが滲まないようにするサイズ（サイジング）材として使われている。眼にみえるところでも使われている。体操の鉄棒選手が手に白い粉をつけ、野球のピッチャーが投球前に白い粉をつける、バレーではトウシューズに塗る。いずれも滑らないようにするためだ。弦楽器演奏者は弦楽器の弓にこれをこすり付けている。いい音色になるのである。

これがロジンバッグと呼ばれるもので、ロジンパウダー（ロジンの粉）、炭酸マグネシウム（八〇％）、ロジン（一五％）、石油からの合成樹脂（五％）の割合だとされる。このほか、マッチの棒の先の頭薬、印肉（朱肉）、チューインガムにも入っているという。

大阪・鶴見区鶴見の寝屋川沿いに荒川化学工業の松やに精製工場がある。大量のロジンが輸入され、ストックされているが、主としてアメリカ産と中国産で、インドネシアからも少量入っていると聞いた。日本の輸入量の五〇％がここで精製されているという。産地ごと、樹種ごとで少しずつ性質がちがうので、その特徴をつかみ、ブレンドして製品にするといっていた。東南アジアの松やにが、案外、身近なところで使われている。

こぼれ話

7▼儲けそこなった話・ダイアモンド

ダイアモンドの産地は南アフリカというイメージがある。ところがボルネオでも採れる。1985年3月のこと、インドネシア、南カリマンタンのバリト河の支流マルタプラの河口にある州都バンジェルマシン周辺のトランスイミグラシと呼ばれる、ジャワからカリマンタンへの移民の村の調査に行った。

バンジェルマシンは東洋のベニスともよばれる水の街で、道路はほとんどなく、水路が縦横に張り巡らされている。たくさんの船着き場があり、さまざまなかたちの舟が繋がれ、黒い川面にゆれている。

ダイアモンド野天掘り

ここに流れ込むバルト河を遡り、リアム・キワの入植地へ行ったときのこと、雪が積もったかと思えるように真白くみえる丘陵地があった。アランアランと呼ばれるチガヤの草原である。大木の切り株が残っていることから、ここには巨木からなる森林があったことがわかるが、森林伐採でこれほどまでに急激に劣化するのかと大きなショックを受けた。

調査中に、見渡す限り穴ぼこだらけ、水たまりだらけのところへ案内された。バティックのサロンをつけた女性たちが頭の上に石箕をのせ、砂利を運んでいる。頭から水が滴り落ち、顔も肩も泥んこだ。ダイアモンドを掘っているというのである。日本軍がみつけたと説明があったが、おそらくオランダ植民地時代にはわかっていたのだろう。

私をみると、さっそく売りつけに来た。紙に包んだダイアモンドの粒をみせながら、日本へ持っていけば10倍にはなる、安くしておくと、数人にしつこくつきまとわれた。残念ながら、私にはガラス粒とダイアモンドの判別もつかない。写真を撮っただけで買わなかった。

売りに来たダイアモンド

8▼儲けそこなった話・沈香

東カリマンタンの州都サマリンダは全長900㎞という大河、マハカム河の河口にある。この町のシンボルがカワゴンドウ（イラワジカワイルカ）である。ここではイカン・プスットとかテピアンとか呼んでいる。カワイルカは、シャチやオキゴンドウに近いクジラの仲間で、インドのガンジス、ブラマプトラ河からオーストラリアまで広く分布し、海岸部だけでなく、イラワジ、ガンジス、ブラマプトラ、メコン、そしてこのマハカム河などの大河にも生息することがわかっている。

1991年8月、雨が降らずマハカム河の水位が下がり、上流にあるスメヤン湖にこのカワゴンドウが集まっていると聞き、これをみようとサマリンダから上流のコタ・バングンに向かった。船は9時に出たのに着いたのは夕方6時半、あたりは真っ暗だった。次の朝、舟を雇ってスメヤン、ムリンタン湖へ行った。大きな湖で、対岸はかすかにみえるほどだが、渇水で手を伸ばすと底の泥に届き、舟は何度も座礁し、船頭が降りて押してくれた。スメヤン湖とムリンタン湖を結ぶ水路のやや深いところにカワゴンドウが集まっていた。

このときはコタ・バングンでの2日間の泊りの宿は確保できていたものの、飯はついていなかった。夜になって街灯もない街をめし屋を捜して歩き、やっと小さな食堂（ワルン）をみつけた。明かりはランプだ。

晩飯を食べていると、暗闇の中を寄ってきた男が、「ガハルだ」といって木片を差し出してきた。沈香だ。ただの腐った棒切れにもみえる。男がライターで火をつけ、ふっと消すといい香りが漂った。まちがいなく沈香だ。私に買う気がないと悟ったのだろう、すぐに消えていった。

しかし、次の日からが問題だった。我ながら欲に目がくらんだのだろう。森の中を歩いていて、転がっている木片が沈香にみえてくるのである。もっていたプレゼント用の安物ライターで確認のため火をつけてみるが、着火もしないし、香りもでない。どれもただの木っ端だ。

ずっと後になってのことだが、マレーシア、クアラルンプールでアラビア商人の沈香店に行ったことがある。店先に商品を並べているのではなく、マンションの一室である。中に入るとドアをロックされた。客ではなく研究者であるというと、いくつかグレードのちがうものをみせてくれ、そのちがいを説明してくれた。最高級品では小さな木片が300万円。日本の華道・茶道関係の方がキャッシュで買いに来るという。このとき、コタ・バングンのあの沈香、あるいはいい買い物だったのかも知れないと思った。

37 インドネシア、スラウェシの黒檀

紅木・唐木

コクタン（黒檀）の仲間は全世界に五〇〇種もあるとされるが、主産地は熱帯アジア、それもどちらかといえばはっきりした乾季を持つモンスーン域に多いようだ。カキノキの仲間ではあるが、多くは果実は小さく、それも種子が多かったり渋かったりで、フルーツとして食べられるものは少ない。有毒なものもあり、その実を潰して渓流やタイドプールに流し、とびでてくる魚やエビを捕まえる魚毒として使うものさえある。おいしい日本のカキノキ（柿）(*Diospyros kaki*) が例外である。

家具などに使われる、加工しやすく耐久性のある木材を特殊木材、紅木（こうき）・唐木（とうき）・堅木（かたぎ）などと呼ぶ。チーク、マホガニー、シタン（紫檀）、カリン（花梨）、コクタン（黒檀）、タガヤサン（鉄刀木）、あるいはビャクダン（白檀）、ジンコウ（沈香）といったものだ。

日本のカキノキでも中心部は黒く、床柱として利用するし、沖縄や奄美大島で街路樹として植えられているリュウキュウコクタン（ハマコクタン・ヤエヤマコクタン）(*D. ferra*) も心材は硬く、三線（蛇皮線）の棹に使われている。唐変木とは気の利かない人、偏屈な人、わからずやのことだ。実際にそんな木があるわけではない。

37-1 スラウェシコクタン

よく知られるコクタンの代表、エボニー（本黒檀）(Ebony) (*D. ebenum*) はインド、スリランカ原産とされるが、東南アジア各地に植栽されている。辺材には黒色の縞があるが、心材は漆黒色、材は緻密で光沢があり美しい。比重は一・二、重くて硬い木材で、家具、楽器、彫刻材、装飾材、数珠（念珠）、櫛、印鑑、額縁などに

加工され、高価に取引されている。正倉院御物にも黒檀製のものが含まれている。この時代にはすでに日本に来ていたということだ。最近人気のアフリカのマコンデ彫刻もコクタン材である。

インドネシアではコクタンはカユ(木材)・ヒータム(黒い)と呼ばれる。お土産屋さんにフクロウやスイギュウ、あるいはラーマヤナ物語に登場する人物の顔などの真っ黒い彫刻が売られているが、いずれもコクタン製だ。一部に褐色のおもしろい模様が入ったものもある。

スラウェシから仏壇・仏具

日本に輸入されているコクタンは、主としてインドネシア、スラウェシ(セレベス)からのスラウェシ・コクタン(マカッサル・エボニー)(*D. celebica*)である。縞杢(縞黒檀)と呼ばれる縞模様が入るものだ。それも仏壇・位牌に加工して輸入されている。屋根をタケで葺くトンコナンと呼ばれる大きな家屋、遺体を岩壁に穿った横穴に安置し、入口に木製人形をおくなど特異な風俗をもつトラジャの郷の産物である。一九九二年三月、スラウェシ島へこのコクタン生産の調査にいった。

いくらカキノキ科の樹木だといっても、その姿はまったく想像外のものだった。葉は幅七cm、長さ二五cmの光沢のある厚い葉であった。ウジュンパンダン(マカッサル)にあった工場に積み上げられたコクタンの原木の切り口は丸くなく、大きな割れ目が入っていて、丸太そのものも通直なものはない。大きさも最大のもので、直径せいぜい五〇cmだった。

ここにあったコクタン製材工場は日系企業で、コクタン製品とは日本向けの仏壇・仏具生産であった。コクタン材を板にし、いいところだけをとり、それを仏壇の規格に合わせ裁断し、日本で組み立

37-2 黒檀の原木

37-3 黒檀材製品

てるという仕組みである。端材も名刺入れやペーパーナイフに加工していた。大きな一枚板で使うのでなく、小さな板に加工するのだから、大径木でなくても、通直でなくても使えるのである。

それにしても、仏壇・仏具がスラウェシで作られていることを知らなかった。働いている人はもちろんインドネシアの人たちである。見学後、「コクタン製の位牌一ついかがですか、一つお持ちください」といわれた。冗談半分に「異教徒がつくった位牌、魂が入っていない」といったら、別室に連れて行かれた。

そこには何人もの日本人スタッフやデザイナーがいた。日本で売れる仏壇・仏具をデザインし、規格を決め、品質を管理・検査していたのである。スタッフの一人に、「私は敬虔な真言宗の信者です、その私が精魂込めてデザインし、検査したもの、魂は入っていますよ、お好みの戒名をお持ちなら、金文字で入れてあげますよ」といわれた。「いらない」と断ったのだが、今にして思えば、一つもらっておけばよかったと後悔している。戒名はあとから考えてもよかった。

位牌・仏壇・棺桶

仏壇には白木に漆を塗り金箔で飾った金仏壇、紫檀や黒檀などでつくった唐木仏壇と、現在の洋間に合わせた家具調仏壇（モダン、あるいはミニ仏壇とも呼ばれる）があるが、その様式・寸法は各宗派でちがう。いずれも各宗派の本山の本堂内陣を模すとされている。浄土真宗が金箔を使い、もっともきらびやかなようだ。仏壇に安置する位牌自体が鎌倉時代に禅宗とともにもちこまれたとされ、これにも白木、漆塗り、紫檀・黒檀製などがある。戒名も浄土真宗では法名、宗派によっては法号というようだ。仏壇には本尊、脇侍、掛け軸、供物、位牌、過去帳などを祀る。しかし、仏教国のタイ、スリランカ、ミャンマーなどでは、一般家庭に位牌を祀った仏壇はみなかった。
　これは私自身では確認していないことなのだが、自然災害の頻発する日本では緊急事態に対処するため、食糧・飲用水・毛布など生活必需物品とともに、簡単に組み立てできる白木の棺桶（緊急災害用備蓄棺）数万棺を全国何ヵ所かに備蓄していると聞いている。桐材で作ったものではなく、有り余るスギの間伐材、あるいはベニヤ板（合板）でもないらしい。どうも南洋桐として取引される、インドネシアでセンゴン・ラウトを呼ばれるマメ科のモルッカネムノキ（*Albizzia falcata*）など東南アジア産の軽い木材でつくっているらしい。

37－4 黒檀製位牌

　ベビー・キャリーはラタン（籐）製、位牌・仏壇はコクタン、棺桶はモルッカネムノキ製、生まれてから死ぬまで、私たち日本人は東南アジアの森林にお世話になっている。

38 マルチパーパス・ツリー（多用途・多目的樹木）

マルチパーパス・ツリーとは

アグロフォレストリーの目的は開発途上国が抱える問題、すなわち、森林の再生、そこからの木材・薪炭材の確保、食糧・換金作物の生産、そのことでの生活レベルの向上と地域社会の維持である。そのために、同じ土地に森林を再生させながら、そこで食糧・換金作物を生産し、家畜を放牧する、あるいは飼料を採ってきて家畜を飼育するといった複合経営を行うことである。本書でも、樹木を植栽しながら、同時にイネ（オカボ）・トウモロコシなどの作物やキャッサバ・パイナップルなどの換金作物を栽培する、さらには、飼料を採ってきてウシやヤギを飼うといった例を述べた。

それなら、単一の樹種で葉、果実、種子などが、果物・野菜・ナッツ・油脂・でんぷん・スパイスなど食料として利用でき、同様に葉、果実、種子、新梢などが家畜の飼料になる、樹木そのものは建築材・工芸材・薪炭材などとして利用でき、さらには樹皮・樹脂からワックス・精油・タンニン・染料・ゴム・繊維・薬品がとれ、花などは鑑賞用として価値のあるもの、そして樹木のあることで防風・土壌保全・窒素固定などの効果も発揮してくれるものであれば、一樹種の植栽でも多様な利益が得られるはずだ。

38-1 タマリンドの収穫（タイ、ロムサック）

もともと、樹木には木材・薪炭材としての利用以外にも、多様な利用価値をもっていることが多い。このような樹木をマルチパーパス・ツリー（多用途樹木・多目的樹木 Multipurpose trees：ＭＰＴｓ）と呼んでいる。そういった樹種をみつけ、それを砂漠化・草地化したところなどへ植栽し、森林再生を図るとともに、多用な産物を得ようというのである。欲張った期待ではあるが、いわゆる限界地域、すなわち、森林減少、土壌流失での農業生産量の減少地域ではやってみる価値はある。

しかし、マルチパーパス・ツリーにあまりにも期待し過ぎると、問題も起こりそうだ。すなわち、いろんな産物が採れるとしても、あまりに少しずつでは市場に出すにしても不利になるし、生態的にもある特定の樹種での単純林では病虫害の発生など予期せぬ事態が起こるかも知れない。それなら用材樹種、薪炭材樹種、樹木野菜樹種、果樹など特徴をもった数樹種での混交林を考えた方がいいのかも知れない。マルチパーパス・ツリーのいくつかの例をあげておこう。

マルチパーパス・ツリー樹種

カポック（シロキワタ・パンヤ）(Kapok, *Ceiba pentandra* パンヤ科)

中央アメリカ原産であるが、東南アジアに広く植栽されている。落葉性の高木、単幹で枝が水平に輪生する。若葉は野菜、枝葉は飼料、果実からはクッション材のパンヤ棉が採れる。材は合板・箱材。

アメリカネム（レイン・ツリー）(Rain tree, *Samanea saman* マメ科)

西インド諸島・中央アメリカ原産の常緑高木。樹冠を傘のように広げる。マレーシアにもたらされたのは一八七六年とされるが、生長は早く、東南アジア各地にここが原産かとさえ思える巨木がある。葉、若い莢は飼料、材はチーク代用の工芸用、ラックカイガラムシを寄生させ、ラック（シェラック）を採取する。街路樹としてもよく植えられている。

ギンネム（イピルイピル）(Ipil-ipil, *Leucaena leucocephala* = *L. glauca* マメ科)

38−2 水田畔のシロゴチョウ（インドネシア、ロンボク）

中央アメリカ原産、樹高の低いハワイアン型と樹高20mにもなるサルバドル型がある。後者をジャイアント・イピルイピルという。葉と若い莢は野菜、家畜飼料、しかし、家畜に長期間与えると有害物質ミモシンにより毛が抜けるといわれる。枝葉はマルチ、種子は工芸品、材は薪炭・パルプ。コーヒーなどの被陰樹、緑化・砂防樹種、挿し木・天然下種での更新が容易。小笠原・沖縄などでは本種が野生化し問題となっている。

シロゴチョウ（Sesbania, *Sesbania grandiflora* マメ科）

東南アジア原産の常緑の中高木。早生樹として知られ、花・若葉・若い莢は野菜、枝葉や飼料、材は薪炭。花がきれいなことから庭園樹としても植栽。ジャワ東部・ロンボク島などでは水田の畔に植え、畔の維持また家畜の飼料として利用する。

タマリンド（Tamarind, *Tamarindus indica* マメ科）

南アジア・アフリカ原産。常緑の高木。莢の中の果肉を酸味料として利用するため、東南アジア各地で栽培される。これからつくった清涼飲料水もある。果肉の甘い品種はそのまましゃぶる。材はマホガニー代用の家具材、まな板も本種のことが多い。街路樹としても植栽される。あまり知られていないようだが、この種子が大量に輸入され、グルコース、ガラクトースなどの多糖類として焼き鳥のたれ、ジャム・ゼリーなどのゲル剤として、さまざまな食品に利用されている。食品の表示「増粘安定剤」はこのタマリンド種子らしい。

38-3 売られるインドセンダンの花（タイ、チェンマイ）

インドセンダン（Neem tree, *Azadirachta indica* センダン科）

インド原産。常緑の高木。花はきわめて苦いが野菜として利用。樹皮・種子は薬用、材は建築・内装、薪炭。街路樹として植栽。

蜜源植物の植栽

東南アジアでは土着のヒメミツバチ、アジア（トウヨウ）ミツバチ、オオミツバチなどからの蜂蜜採取が盛んである。タイでナーム・プン、インドネシアでマドゥと呼ばれ各地に特産の蜂蜜がある。巨木の先端部、それも枝の下側や幹の曲がったところに大きなオオミツバチの巣がつくられている。マレーグマに荒らされないようなところ、直接、雨のかからないようなところに営巣するのだ。そんな木は伐らないで残される。

38-4 蜜源植物のカリアンドラ（インドネシア、ジャワ）

広大な皆伐跡地にオオミツバチが営巣した巨木だけが残されていたが、すでに蜜源はなく、営巣の可能性はなかった。タイ、チェンマイにはジンコウ（沈香）の蜂蜜さえあった。ジンコウの花の蜜である。思わず嗅いでみたが、沈香の香りはしなかった。

しかし、森林の減少・劣化の進む中、蜜源植物の減少で、野生蜂蜜の生産量も減っている。このため蜂蜜収量が多く、管理しやすいセイヨウミツバチが導入され、蜜源植物の植栽が奨励されている。これら蜜源植物も果樹・用材・薪炭材・飼料などとして利用できるのだから、マルチパーパス・ツリーといってもいいであろう。

タイでは早生樹のカマルドゥレンシス・ユーカリ（*Eucalyptus camaldulensis*）の造林が盛んだが、この林内にもよく巣箱をおいてある。ユーカリが蜜源でもある。インドネシアでは蜜源植物としてカユプテ、カポック、ギンネム、モルッカネムノキ、アカシア・マンギウム、さらにはミズフトモモ、ドリアン、ライチー、リュウガン、ランブタン、コーヒーなどの果樹の植栽も奨励されている。インドネシアに行くと低木で赤いきれいな花をほぼ年中つけるカリアンドラ（*Calliandra ap.*）が多い。本種も中央・南アメリカ原産であるが、蜜源植物として導入されたものである。

39

マングローブの造成とエビ養殖 タンバック・トゥンパンサリ

林業と水産業（漁業）の両立

熱帯での森林造成に樹木の植栽と同時にその列間で作物をつくるタウンヤ法があること、それをインドネシアではトゥンパンサリ（ツンパンサリ）（Tumpangsari）というのは「4 タウンヤ法での熱帯造林」で述べた。トゥンパンサリの意味は「重ねる」、樹木と作物を重ねるということだ。

ここで紹介するタンバック・トゥンパンサリも聞きなれない言葉だが、タンバックは「池・養殖池」のことをさす。すなわち、マングローブの再生を図りながら、エビや魚の養殖をする、林業と水産業（漁業）を両立させることである。

マングローブは、エビ養殖池の造成や薪炭生産などのために急速にその面積が減少している。マングローブがなくなることで、泥の流失による海岸線の浸食、魚貝類の産卵減少、稚魚が孵化しないことでの沿岸漁業の不振などが伝えられている。インドネシア、タイ、ベトナム、フィリピンなどのマングローブが消失したところ、荒廃したところではマングローブの再生事業が行われ、日本のNPOや企業が支援をしているところもある。

39-1 マングローブ（スリランカ、コロンボ）

マングローブの造林法は、多くはフタバナヒルギ、オオバヒルギなどの胎生種子を直接泥の中に挿しこむという簡単な方法である。しかし、場所によっては活着率はそれほど高くないと聞く。カニが食べてしまうというのである。ともかく、この方法でマングローブの再生は何とか可能だが、これでは地域住民の暮しがなりたたない。マングローブを再生させながら、エビ養殖などでの住民の暮しを考えないといけないのである。

マングローブの再生と養殖池の造成

タンバック・トゥンパンサリとは、具体的にはマングローブ荒廃地に幅五mの溝をつくり、次に水面上一mにもなる幅二mの土手をつくる。これを繰り返し五〇m四方の大きな池をつくり、これを一単位とする。この工事は個人ではできないので、インドネシアの森林公社が大型機械を使って造成する。土手の上に三mごとに幅二mで二本のマングローブ樹種を植え、池の周辺にも植栽する。チーク林造成の場合と同様に、入植者（契約者）はマングローブ樹種を植栽・管理をすれば、契約期間中、土手と土手との間の池でエビ（ブラックタイガー）やミルクフィッシュなどの養殖ができる。これによって生計が成り立つとされるものである。一部ではマングローブ樹種に換え、アカシア・マンギウム、オオハマボウ、モクマオウなども植えられている。

39-2 マングローブの消失（タイ、チャンタブリ）

契約は一年、契約期間中、各戸に五haの割り当て地の管理が任せられる。割り当て地域に住むことと、植栽樹木の保育が義務付けられる。五haとは結構大きな面積に思えるが、参加者はいわゆる土地なし農民で、植林にもエビ養殖にもほとんど経験のない人々が参加している。

計画上では面積の八〇%をマングローブ、二〇%を養殖池にするとのことだが、実際は養殖池の割合がどうしても大きくなるようだ。ともかく、これでマングローブのもつ防災・環境保全などの機能を回復させ、地域住民への現金収入を与え、地域振興ができるというアイデアだ。この計画を実行するインドネシア森林公社によれば、西ジャワだけでも、すでに二五、〇〇〇haのタンバックが造成されたという。

むつかしい両立

タンバック・トゥンパンサリが完成すれば、そこから薪炭材が得られ、養殖したエビや魚の販売で収入が得られる。一方、養魚池での魚類やエビの養殖が目的なのだから、養魚池の管理、すなわち、海水の循環をよくするための水路・水門の設置・管理、魚やエビの病気発生の予防、養殖の魚やエビの稚魚の購入、エビや稚魚を食べてしまう魚の除去などに大きな支出がある。

この方法でのマングローブ再生の利点は、造成されたマングローブからの落ち葉が養殖池で分解され養分となってプランクトンや海藻の発生を促し、エビや魚の増殖を助け、収量が多くなるとされる。しかし、鏡のような大きな開水面で、酸素供給のためモーターを廻し、給餌しているところでの水揚げ量が三〇〇kg／haというのに対し、マングローブ樹種の生長が目的だとはいえ、魚やエビの水揚げ量は一〇〇kg／haだという。ただし、タンバックの造成で海水が浄化され、魚やエビの病気の発生が抑えられ、抗生物質を使用しなくてもいいと説明された。実際、狭い面積でのエビ養殖では病気の発生で池全体のエビが死んでしまうことも多いという。そのため抗生物質の投与は必須で、日本に輸入されるときにも残留していることが報道されている。

39-3 ジャワ上空からみたタンバック・トゥンパンサリ（インドネシア、ジャワ）

しかし、タンバックの現場では落ち葉が貯まることによる水質の悪化がある、マングローブ樹種の生育と共にサギやカワセミなどの野鳥が飛来しエビや稚魚を食べてしまう、マングローブ樹種が水面に張出し海藻の繁殖が抑えられるといった不満も聞いた。陸上でのチーク植栽でのトゥンパンサリと同様に、海岸のマングローブ再生にも、入植者と計画実行の森林公社の間に大きな葛藤があるようだ。

ジャカルタ着陸直前に眼下に注目

ジャカルタのスカルノ・ハッタ国際空港へ行かれることがあれば、着陸直前、シートベルト着用のアナウンスがあったら、窓の下をみて欲しい。海岸に沿って、鏡を並べたような養殖池が並んでいるが、池の中に黒い棒が並んでいるのがみえるはずだ。それがタンバック・トゥンパンサリ、池の中のマングローブである。黒い棒がマングローブ樹種を植えた土手である。マングローブの再生にもこんなドラマがある。

森林（林業）と水産業（漁業）の組み合わせ、すなわち、東南アジアの長い海岸線にあるマングローブの保全・再生、そこでの人々の暮らしの安定に、このタンバック・トゥンパンサリにも利点がある。それには参加住民の生活の保障、生活レベルの向上が伴うことが必須の条件だ。自然・社会条件は地域ごとでちがう、このことを念頭に改良を図り、成功へ導いて欲しい。

39-4 タンバック・トゥンパンサリ

　インドネシア、

40 東南アジアの放生・花鳥市場

花鳥市場

東南アジアの市場の一角に、あるいは独立して、飼い鳥、熱帯魚などを売っている花鳥市場がある。インドネシアではこれをブロン・パッサールという。飼い鳥のほか、ランなど観葉植物、ウサギ・陸ガメなどのペットを売っていることも多い。市場の人ごみを歩いていて、突然スローロリスやニシキヘビを持たされたことがある。どちらも一瞬「欲しい」と思ったが、さすがに我慢した。

日本では飼い鳥はインコ、ブンチョウ、カナリヤなど種類が限られているが、ここでは野鳥図鑑を持って行った方がいいほど、インコ、オウムを主に多様な種類が売られている。人まねをするキュウカンチョウ（九官鳥）やカバイロ（インド）ハッカ（樺色八哥）もいる。繁殖させたものだけでなく、野生のものを捕ってきたと思えるものも多い。それだけに、みているだけで楽しい。もちろん、ミルワーム（ミールワーム）など、野鳥の餌も売っている。

放生

タイ、ラオス、ミャンマーなどでは市場で、また寺院で、小さなかごに入った小鳥、バケツに入ったイシガメ、タウナギなどを売りに来る。小鳥はハタオリドリ（機織り鳥）と思われる小さなものだった。ペットや食用としてではない。小鳥はそこで放してやり、カメやタウナギは近くの池や川に放してやる放生（ほうじょう）用である。放生とは仏教の殺生を戒める殺生戒を基とする儀式で、日本でも天武五年（六七七）にはすでに詔が発せられているとされる。この放生会は、宇佐八幡宮では養老四年（七二〇）から、石清水八幡宮では貞観四年（八六二）から続けられ、奈良・興福寺、京都の本能寺・金戒光明寺・三千院・蟠満寺などでも行われている。そこにはウナギ、フグ、カニなどの調理師・料理組合員が参加していることが多い。日頃の殺生を思って、

40-1 放生のための小鳥（ミャンマー、ヤンゴン）

一年に一度行われている。

　ところが、タイ、ラオス、ミャンマーなどでは放生は祭礼日に限らず、毎日行われる。寺院・僧侶に寄進することをタイ語でタンブンというが、これらの国に行くと子どもが売りつけに来るので、私も断りきれず、小鳥を買ってあちこちで放している。大きな災難にも会わず、毎回無事に帰国できているのはその功徳なのかも知れない。タイ北部の古都チエンマイで、タウナギを毎日お濠に放している人がいた。敬虔な仏教徒だと尊敬していたのだが、タイの友人から、小鳥は幸運、タウナギは金運、カメは長寿の願いを叶えてくれるのだと聞いた。宝くじを買っては当るようにとタウナギを毎日放しているというのである。

　小鳥はハタオリドリのような小さなものだといったが、何種類もいる。いずれも村落近くで捕まえてきたものだろう。ハタオリドリは集団で営巣する。夜なら簡単に捕まえられるはずだ。放されるまで何も食べていないだろう、恐怖で咽を通らなかったはずだ。ある寺院でのこと、小鳥を放したらすぐに落ちてしまった。すると子どもがすぐに捕まえにきた。幼鳥で飛べなかったのか、あるいは翼の骨を折り、飛べなくしていたのだ。拾ってまた次の人に売りつけるのである。私には功徳かも知れないが、売りつけた子どもに罰があたるのではと、ちょっと後味が悪かった。

40-2 売られるタウナギ（タイ、コンケン）

チョウショウバト（長嚩鳩）の鳴き合わせ

花鳥市場で確実に売られているもの、それは東南アジアで一番人気の飼い鳥で、タイでノック・カオ、マレーシアでバラムあるいはムルボックなどと呼ばれるチョウショウバト（*Geopelia striata*）である。チョウショウバトとは長く囀る鳩ということで、鳩の中ではもっとも小さなものといわれる。英名をゼブラ・ドーブといい、背中と首にきれいな縞模様がある。マレー半島からオーストラリア北部まで広く分布し、村落周辺の明るいところを好む。古くから飼育されている鳥だが、野生のものを捕まえて来ても簡単に飼えるという。ハワイにはオーストラリアから移入され、現在では市街地でごく普通にみられる野鳥になっている。

クックルー、クックルーと繰り返し鳴くが、これをクー（coo）といい、このハトの鳴きあわせをクーイング（cooing）という。インドネシアではコーランを読み上げているのに似ているともいわれる。このハトを飼っている家はすぐにわかる。タケあるいは細い金属ポールを立て、その先に滑車と紐が取り付けられているからだ。朝にこの鳥籠を上げ、夕方下ろすのである。籠はタイではタケで編んだ半球形あるいは紡錘形で、上に四隅が切れ込んだ派手な色彩のカバーがつけられている。日よけ、雨除けである。インドネシアでは四角い箱型、シンガポール・マレーシアでは下が箱型、上が角錐、尖った屋根をもつ家屋型であった。

40-3 チョウショウバトのコンテスト

東南アジア各国では、このハトの鳴き合わせ大会がある。タイでは半島部マレーシア国境に近い地域で飼育が盛んで、ヤラーのクワンムアン公園で行われるコンテストが最大だと聞いている。ASEAN大会が各国持ち回りで行われていて、一、〇〇〇本以上のポールが立ち、優勝したハトには賞金が与えられ、また高価に取引される。多くのブリーダーが集まり、鳴き声のいいもの上手なものを選び、血統書つきのものを育てるという。

目覚ましはニワトリの時の声

東南アジアの朝の目覚ましは、どこでもニワトリの鳴き声だ。都市に泊っていても、朝のしじまの中で聞こえてくる。マレーシア、インドネシアなら、これに加えてラウド・スピーカーからのアザーン（礼拝への呼びかけ）がある。ジャワ島の東部スラバヤなどでは大きなホテルでもニワトリの時の声を聴くことができる。ホテルの玄関にニワトリの入った一対のきれいな鶏舎がおいてあるからだ。高さ二m、三本脚で立つ六角形の屋根ののったチークづくりで、ドラゴンの彫刻が彫られている。スラバヤではホテルだけでなく、官公庁の玄関にもおいてあった。

40-4 アヤム・ブキサール（インドネシア、ジャワ、スラバヤ）

ニワトリは赤色をしたいわゆる地鶏タイプのものが多いが、白いものもいた。これをアヤム・ブキサールというう。日本なら長鳴鶏と呼ばれる東天紅・声良鳥というところであろう。このニワトリ、雌を山の中においておき、野生のニワトリと交尾させ、野生の血を入れ、いい声で鳴くように改良したのだと聞いた。中でも東ジャワ、バニュワンギのものがいいという。インドネシアにはこのブキサールのコンテストがある。優勝したブキサールやその雛は高価に取引される。

ニワトリは世界中で飼育され、たくさんの品種があるが、祖先を辿ると、東南アジアに生息するセキショク（アカイロ）ヤケイ（赤色野鶏 *Gallus gallus*）を飼育・改良したものだという。人類の移動によって運ばれ、改良されたのである。

41 柿板・屋根葺き材料

屋根葺き材料

屋根葺き材料はそれぞれの地域で、身近で得られるものを使うだけに、地域ごとに特徴がある。日本でもススキ、ヨシなど草本での茅葺屋根があるし、丹後にはササで葺いたところもある。ヤネフキザサというササもある。神社は桧皮葺きが多いが、より耐久力のある板も使われる。屋根を葺く板を厚いものを屋根板・木葉（こば）・笹板、薄く削ったものを柿（こけら）板と区別するようだ。若い頃、木曽を旅行したときのこと、板の屋根に石が置いてあったのを覚えている。この屋根はイタヤカエデでつくったもの、文字通り板屋根に使うカエデだと聞いていた。しかし、カエデ材の耐久性は低いので、水に強いサワラ、ネズコ、クリであったのかも知れない。

屋久島ではヤクスギの柿板で葺いた小屋をみた。屋久杉は油分が多く、屋久島の多雨にも耐えるらしい。信濃国一の宮の諏訪大社下社秋宮では神楽殿はサワラの柿葺き、拝殿は桧皮葺き、そして神輿の入った宝殿は茅葺である。奈良・明日香村にあった皇極天皇時代の飛鳥板葺宮は曽我入鹿が暗殺されたところだが、宮は板葺だったとされる。諏訪大社のように神社はこの古い伝統を守っているようだ。

41-1 チークの屋根（タイ、チェンマイ）

東南アジアでは荒廃地はほとんどがチガヤで覆われ、その草原をアランアランと呼んでいる。それだけにチガヤでの茅葺きの屋根が多い。ココヤシ、ニッパヤシ、サゴヤシなど、ヤシのあるところではヤシの葉を編んで壁材、時には屋根に使っている。その他にも面白い屋根があった。

チーク

チーク（*Tectona grandis*）はクマツヅラ科の落葉性樹木、自然分布するのはヒマラヤ山脈東部、インド、ミャンマー、タイ、ラオスなど東南アジアの大陸部のモンスーン熱帯といわれる地域、それもやや標高の高いところである。材は木目もきれいで耐久性にも優れていることから、高級家具材、造船材として利用されている。

タイ北部では高級家具材のチークが屋根にも使われている。屋根板は長さ三〇cm、幅一〇cmほどだが、厚さは一cmもある。これできれいに葺いてあるが、ちょっと凸凹した感じである。高級家具材なので、一般の民家ではなく広い庭をもったいわゆるお屋敷の屋根である。古都チェンマイのドイステープにある王宮の屋根に葺かれているのもこれだ。

驚いたのは、これら古いチークの屋根板の載った家屋が壊されるとき、この古い屋根板が回収され、表面を削って再利用されることだ。チークの屋根が二代に渡って家屋を守るのである。チェンマイの有名なナイト・バザールではこのチーク板に絵を描いたもの、彫刻したものをお土産として売っている。

バンコクに世界最大とされる総チークづくりの建造物がある。ヴィマンメーク・パレスだが、屋根はチーク葺きではなかった。屋根ではないがチーク材でつくられた寺院が日本にもある。京都宇治の隠元禅師開山の黄檗

41-2 タケで葺いた屋根（インドネシア、スラウェシ）

山萬福寺本堂（大雄宝殿）である。四五cm四方、長さ一二mもの大きな柱四〇本以上がすべてチークだという。寛文元年（一六六一）の創建だというから、海上を引っ張ってきたことは確かだろう。このとき付着したフジツボが残っているとされる。

41-3 ヤーンプルアンの葉で葺いた屋根（ミャンマー、ピエイ）

タケ

タケは海岸を除いて東南アジアのどこにもある。種類も多く、タケで作れないものがラタンで、ラタンで作れないものはタケで作られるといわれるほど、実にさまざまな用途にタケが使われている。家屋でも壁、床、支柱はもちろん、床に敷いたゴザもタケ。屋根にも使われている。インドネシア、スラウェシ（セレベス）にトラジャ族の大きな船形家屋（トンコナン）がある。屋根には二つに割ったタケをまず上向きに並べ、その上に今度は二つのタケにまたがるように下向きにおく。これを厚さ五〇cmにも重ねる。これで雨漏りはしない。

タイやミャンマーの川沿いや湖沼にある水上家屋では大きなタケをフロートにし、その上に家屋を載せている。タケ筒には空気が入っているので、沈まずに浮く、乾季と雨季の水位の差が大きいところでも、これなら移動、建て替えの必要がない。

ヤーンプルアン

タイ北部やミャンマーの山村ではタイでヤーン・プルアン、ミャンマーでインと呼ばれる落葉性のフタバガキ科樹木の *Dipterocarpus tuberculatus* の大きな葉で屋根を葺いている。葉を少しずつずらし、ずり落ちないようにタケの棒で止めている。身近にあって手に入れやすいことが理由だろう。長い乾季のあるこの地方ではこの葉の屋根がほぼ一年はもつらしい。

ボルネオテツボク

ボルネオテツボク（*Eusideroxylon zwageri*）はクスノキ科の樹木で、比重は一・二にもなり耐久性に優れ、コショウの蔓を這わせる支柱に使う。種子は長さ一五cmにもなり、双子葉植物では世界最大の種子である。インドネシア領カリマンタンではこのボルネオテツボクをウリン、北側のマレーシア領サバ、サラワクではブリアン（ビリアン）といい、これでつくった薄板をシラップ・ウリンという。

長さ六〇cm、幅七・五cm、厚さ二mmで、先端を正三角形に尖らせたものを屋根葺きに使う。五〇cmほどを重ね合わせ、それを上手にずらし、きれいな六角形・亀甲状に葺く。材は次第に黒ずんでくるが、雨の多いこの地方でも数十年は耐えるという。腐朽防止のペンキを塗らなくてもいいのである。南カリマンタンのバンジェルマシンではこのシラップ・ウリンで葺いた建物・家屋が多く、街全体が黒っぽくみえる。

バンジェルマシンは水の都で、市街に水路が張りめぐらされている。行き交うボートにはウリンの丸木舟で作られたものもあるが、櫂にはウリンは使わない。落したら沈んでしまうからだ。弱点は火事だ。街全体がウリンでできている。どこかで火がでると、すぐに類焼になる。ジャワ島のジャカルタやジョクジャカルタでもシラップ・ウリンで葺いた屋根をみることができる。シラップ・ウリンの生産量は年変動が大きいが、多い年には三、八六五万枚とされている。東カリマンタンのバンジェルマシンやサマリンダにシラップ・ウリンの製造工場がある。この薄板の需要の大きいことがわかる。インドネシア旅行をすれば、どこかでこの屋根にお目にかかれるだろう。

41-4 シラップ・ウリンで葺いた屋根（インドネシア、南カリマンタン、バンジェルマシン）

42

グラス（仙草）ゼリーと愛玉（愛玉子）

グラス（仙草）ゼリー（Grass jelly・Cinchou）

東南アジアにグラス（仙草）ゼリー（Grass jelly・Cinchou）とか、愛玉子（Aiu jelly）といったデザートがある。いずれも日本ではなかなか味わえないものだ。

グラス・ゼリーとはシソ科の仙草（センソウ）（*Mesona chinensis = m. paliustris*）の葉を水の中で揉んだ液が固まったものである。もとは中国の薬草だったようだが、現在では東南アジア全域でデザートとして味わえる。インドネシア・マレーシアでCincau（チンチョウ）、タイでChao kuai、ベトナムでDaang saam、台湾でXian caoなどと呼ばれている人気のデザートだ。黒いものと緑色のものがあり、インドネシア・マレーシアでは黒いものをCincau hitam、緑色のものをCincau hijouと呼ぶ。

これは夜店（夜市）に行かなくても、ホテルのバイキングのフルーツ・デザートコーナーにも確実においてある。普通、トコロテンのように細く長く切って、黒砂糖水に葛切りのように浮かんでいることが多い。細く切ったものをジュースの中に浮かせたり、シロップをかけて食べることもある。マンゴーなどのフルーツがトッピングされていることもある。一見すると、香りのないコーヒーゼリーのようだ。日本人観光客でもこれを食べる機会は多いと思うが、正体がわかって食べている人は少ないかもしれない。私自身、これを寒天と思っていたのだが、海藻でないと知って興味を持ち、調べてみた。

42-1 グラスゼリー（ヒータム）

センソウ（仙草）

センソウの生の葉を揉んだ液がゲル化し固まると緑色、乾燥させたセンソウを揉み出しそれが固まると黒くなる。センソウの主産地は中国南部、台湾では北部の新竹県だとされている。日本でも中華街などで仙草凍、涼粉などとして時にメニューにある。

シンガポールでは自動販売機の中にCap Pandaというブランドの缶入りのドリンクCincau（Minuman Cincau）があるし、インドネシアにはコンビニにEver Greenというブランドのカップ入りのチンチョウがある。台湾でも仙草蜜とか仙草蜜茶といったパック入りのデザートやドリンクがどこのコンビニにもある。ごく日常の食べものである。

42-2 仙草蜜茶

このセンソウの他にも、ノボタン科の*Melastoma polyanthum*、クマツヅラ科の*Pyremna oblongifolia*なども、葉を揉んだ液が固まるという。海藻のテングサやゼラチンでなく、ハーブや樹木の葉でも、その液が固まるのである。チンチョウと思って食べたものの中に、これらがあったのかどうか確かめてみたい。とはいえ、センソウ自体をまだみていない。京都の宇治植物公園はハーブのコレクションが充実していると聞き、でかけてみたが、ここにもなかった。

愛玉（愛玉子）・カンテンイタビ

愛玉（愛玉子）の方は台湾とシンガポールで人気だとされる。台湾人が娘の愛玉にカンテンイタビからつくった冷菓をシンガポールで売らせたところ、たいへんな人気になり、これを愛玉（Aiyu）と名付けたという。オーギョーチ（O-gio-chi）あるいはAiyu jellyという。西日本から奄美・沖縄、台湾、中国南部、インドシナ半島まで広く分布するクワ科のつる性樹木オオイタビ（*Ficus pumila*）に近縁のカンテンイタビ（*F. awkeotsang* = *F.*

pumila var. awkeotsang）のイチジク状果からつくるものだ。図鑑によってはカンテンイタビを日本にもあるオオイタビの変種ともしているし、別種・台湾特産種ともしている。イチジク状果実は長さ六㎝、直径四㎝、オオイタビとほぼ同じだが、果実のかたちや半分に切ったときの様子がちがう。やはり別種だと思える。

台湾の夜市を覗くと、大鍋に入った愛玉がいくつもの店で売られている。純糖愛玉が二五元、檸檬愛玉が三五元、鮮奶愛玉が四五元だった。愛玉に何をかけるかで値段がちがう。トコロテンかゼリー感覚の食べものである。

台湾のコンビニには阿里山金桔檸檬愛玉（容器に「愛玉アイユウ」と日本語で書いてあった）とか中華甜愛玉というパック入りのデザートがある。檸檬果汁がついていてそれをかけて食べる。自動販売機にも「愛玉」という缶ジュースがある。

観光地の九份へ行ったとき、カンテンイタビの果実を半分に切り、裏返し乾燥させたものを売っていた。乾燥した愛玉が四個入ったものが二五〇元（約一〇〇〇円）。

42-3 売られていたカンテンイタビ（九份）

台北の夜市では濾すための網袋がついて一〇〇元だった。本当に固まるのか自分で確かめたくて買ってきた。反転させたものは外側にたくさんのゴマ状の小さな種子が並んでいる。これをボールの水にしばらく浸け、それを手で揉むと袋の中からどろっとした粘液がでてくる。それを何回か繰り返したあと、その液を冷蔵庫で冷やすと寒天より硬い感じで固まった。ペクチンが多いので固まるのだとされる。揉みだした水が固まるのである。ちょっと焦げたような匂いがするが、蜂蜜とレモン汁をかけて食べた。

食べたあとで気がついたのだが、作る過程で一度も火を通していない。冷やさなくても固まるのだろうか。自分の手で揉み出したのだからまだいいが、夜市で食べたものはどこかで火を通していたのだろうか。大鍋に入れてあったのだから、煮だしたあとで、固まったのだろう。次に台湾へ行くときはこのことを確かめたい。

オオイタビではできないのか？

42-4 大鍋に入った愛玉子（台北）

気になるのは、カンテンイタビはオオイタビと同種、あるいは近縁種なのだから、オオイタビでも愛玉ができるのではないかということだ。私の住む京都でも秋にはあちこちにオオイタビの果実がぶら下がる。何度かもらってきて、半分に切ってみるのだが、カンテンイタビとは様子がちがう。半分に切り反転・乾燥させたものを水に戻し、揉んでみたがどろっとした粘液はでなかった。やはりオオイタビではできないのだろうか。

私がもってきたオオイタビが雄果だったのかも知れない。オオイタビの雌果はそのままフルーツサラダに使えるほどおいしいというのだが、採ってきたものはとても食べられるものではなかった。カンテンイタビにも雌雄はあるはずだ。使うのは雌果だけなのか、確認したいことがたくさん残っている。

日本ではタピオカ・ミルクティ、すなわちサゴパールとも呼ばれる小さな球状のタピオカ（キャッサバ）澱粉の入ったドリンクがはやっているが、台湾には仙草ゼリーと愛玉子入りのタピオカ・ミルクティがある。ダイエットにも効果があるというのである。

神戸南京町にGolden Kingというブランドのグラスゼリーの缶詰と、東永というブランドの愛玉果凍というこれも缶詰があった。原料の愛玉も売られているが、仙草はみつからなかった。

あとがき

これまでの東南アジアへの調査研究では、学会や会議などでの私の一人旅もあったが、森林調査は大学院生に応援を求めた共同研究である。在学中に東南アジアの森林調査を経験させたかったからだ。さらに、それぞれの研究のため、東南アジアの大学への研究指導委託での留学を奨めた。私に代わって指導を現地の大学の教授に委託するシステムである。タイのカセツァート大学、インドネシアのガジャマダ大学、ボゴール農科大学、マレーシアのマレーシア農科大学、ミャンマー林業大学、ベトナム林業大学、フィリピンのフィリピン大学などへ大学院生を送り込んだ。ただし、研究費・滞在費は自分持ちだ。どこでどんな奨学金、研究費がでるか資料を蓄積し、多くは運よく資金が得られた。この留学はフィールドワークを志す大学院生たちにとっても、いい経験になっているようだ。

研究指導を委託するのに、誰でもいいというわけにはいかない。東南アジア各国の大学や林業研究所から招聘教授、招聘外国人研究者、共同研究者として多くの方を受け入れ、私が渡航した際には積極的に大学や森林研究所を訪問し関係を深めた。また、現地に滞在する大学院生の研究指導のため訪問したのだが、逆に私自身が教えられることも多かった。

本書に紹介した研究も、個々のお名前は出さなかったが、多くは東南アジア諸国の研究者との共同研究、大学院生との共同研究であったことを明記しておかなければならない。

森林研究の結果について広く知っていただくために、これまで英文での論文や報告書をだしているが、日本語の書籍としては、熱帯林保護、非木材産物、森と人々については、『東南アジアの森林と暮し』（人文書院１９８９）、『東南アジア林産物20の謎』（築地書館１９９３）、『熱帯の非木材林産物』（国際緑化推進センター１９９４）、『熱帯林の保全と非木材林産物』（京都大学学術出版会２００２）、『熱帯林の恵み』（京都大学学術出版会２００７）、アグロフォレストリーについては『アグロフォレストリー　東南アジアの事例を中心に』（国際農林業協力協会１９９０）、『アグロフォレストリーハンドブック』（国際農林業協力協会１９９８）、動物については『南の動物誌』（内田老鶴圃１９８５）、『アジア動物誌』（めこん１９９８）、ラックカイガラムシ・ラックについては『カイガラムシが熱帯林を救う』（東海大学出版会２００３）、タイの食用昆虫については『タイの食用昆虫記』（文教出版２００３）、ドリアンについては『果物の王様　ドリアンの植物誌』長崎出版２００６）、植物・樹木については『熱帯多雨林の植物誌』（平凡社１９８６）、『東南アジア樹木紀行』（昭和堂２００６）、ミミズについては『ミミズのダンスが大地を潤す』（研成社１９９５）、『ミミズ　嫌われもののはたらきもの』（東海大学出版会２００３）、『ミミズの雑学』（北隆館２０１２）などでくわしく述べた。参考にしていただければと思う。

会誌「自然と緑」からの再録を許されたＮＰＯ法人「自然と緑」にお礼申し上げるとともに、出版事情きびしい中、本書の出版を決意されたあっぷる出版社にも厚くお礼申し上げる。

参考文献

※末尾の番号は該当項目

書籍

アグロフォレストリーハンドブック／国際農林業協力協会（1998）：渡辺弘之　[4, 12, 18, 38, 39]

アジア動物誌／めこん（1998）：渡辺弘之　[3, 19, 31, 40]

インドネシアの民族／サイマル出版会（1979）：リー・クン・チョイ　[31]

オモシロ学問人生／NHK出版（1999）：NHK「オモシロ学問人生」制作班（編）　[11]

カイガラムシが熱帯林を救う／東海大学出版会（2003）：渡辺弘之　[11]

果物の王様ドリアンの植物誌／長崎出版（2006）：渡辺弘之　[32]

コウモリのふしぎな世界／大日本図書（1990）：前田喜四雄　[34]

昆虫物語 昆虫と人生／新思潮社（1965）：安松京三　[7]

食文化からみた東アジア／日本放送出版協会（1988）：周達生　[7]

ソウル・オブ・タイガー／心交社（1993）：McNeely, J.A. & P. S. Wachtel・野中浩一訳　[31]

タイの食用昆虫記／文教出版（2003）：渡辺弘之　[25]

中国茶の世界／保育社（1994）：周達生　[7]

東南アジア樹木紀行／昭和堂（2005）：渡辺弘之　[15, 32]

東南アジア林産物20の謎／築地書館（1993）：渡辺弘之　[2, 36, 37]

東南アジアの森林と暮し／人文書院（1989）：渡辺弘之　[8]

東北タイの産米林―その樹種と利用　アジアの農耕様式　農耕の世界　その技術と文化IV／大明堂（1997）：渡部忠世監修　[8]

土壌動物の世界／東海大学出版会（2002）：渡辺弘之　[24]

日本植物方言集成／八坂書房（2001）：八坂書房編　[29]

熱帯多雨林の植物誌／平凡社（1986）：ヴィーヴァーズ・カーター著・渡辺弘之監訳　[14]

熱帯農業事典／養賢堂（2002）：日本熱帯農業学会編　[28]

熱帯の非木材林産物／国際緑化推進センター（1994）：渡辺弘之　[2, 3, 36]

熱帯林の保全と非木材林産物／京都大学学術出版会（2002）：渡辺弘之　[2, 4, 5, 17, 21, 23]

熱帯林の恵み／京都大学学術出版会（2007）：渡辺弘之　[2, 9, 16, 20, 33, 34, 35, 39]

熱帯林の100不思議／東京書籍（1993）：日本林業技術協会編　[11]

琵琶湖ハッタミミズ物語／サンライズ出版（2015）：渡辺弘之　[26]

ボタニカル・モンキー／八坂書房（1996）：Edred John Henry Corner 著・大場秀章訳　[20]

ボルネオ島最奥地をゆく／晶文社（1995）：安間繁樹　[3]

マダガスカル異端植物紀行／日経サイエンス社（1995）：湯浅浩史　[6]

南の動物誌／内田老鶴圃（1985）：渡辺弘之　[3, 19, 31, 34, 40]

ミミズ　嫌われもののはたらきもの／東海大学出版会（2003）：渡辺弘之　[26]

ミミズと土／平凡社（1994）：渡辺弘之　[22]

ミミズの雑学／北隆館（2012）：渡辺弘之　[26]

ミミズのダンスが大地を潤す／研成社（1995）：渡辺弘之　[22]

Malay Archipelago (Millan , 1898)：A. R. Wallace　[32]

Sago 76 (Kemajuan Kanji 1977)：Tan, K. (ed.)　[10]

Sago：(Nijhhoff Pub 1980)：Stanton, W. R. & M. Flach (ed.)　[10]

Taungya; Forest plantations with agriculture in southeast Asia. C.A.B. International (London)(1992)：Jordan, C. F., J. Gajaseni & H. Watanabe (eds.)　[4]

論文

樹上節足動物の組成と樹上・地表の往復／ Tropics 4(4), 327-336 (1995)：渡辺弘之　[24]

赤色食品着色料アナトー・コチニール（カルミン酸）・ラック（ラッカイン酸）／食生活研究 30(3), 11-14（2010）：渡辺弘之　[11]

タイ、ラオスの昆虫食／伝統食品の研究 (28), 8-12, (2004)：渡辺弘之　[25]

低湿地林の開発とサゴヤシ／熱帯農業 28(2), 134-140（1984）：渡辺弘之　[10]

東南アジアの森林産物と人々の暮らし「ミャンマーの化粧料タナカ」：CEL 40, 30-33（1997）：渡辺弘之　[5]

東南アジアの樹木野菜／食生活研究 22(3), 13-17 (2002)：渡辺弘之　[28]

東南アジアの樹木野菜―熱帯林再生の視点から／熱帯農業 47(5), 302-305 (2005)：渡辺弘之　[28]

東南アジアのタケと食べもの／竹 101, 5-8 (2007)：渡辺弘之　[9]

東南アジアの松やに採取の方法／森林文化研究 9(1), 143-146 (1989)：渡辺弘之　[36]

バオバブ・ジュース　南マラウィの地方林産物／日本熱帯生態学会ニューズレター 61, 14-16 (2005)：渡辺弘之　[6]

非木材林産物としての食用昆虫／生物科学 66(3), 132-140 (2015)：渡辺弘之　[25]

A list of edible insects sold at the public market in Khon Kaen. Southeast Asian

Studies 22(3), 316-325 (1984)：Watanabe, H. & R. Satrawaha [25]

Cast production by the megascolecid earthworm *Pheretima* sp. in northeast Thailand. Pedobiologia 26, 37-44 (1984)：Watanabe, H. & S. Ruaysoongnern [22]

Combinations of trees and crops in the taungya method as applied in Thailand. Agroforestry Systems 6(2), 169-177 (1988)：Watanabe, H [4]

Effects of repeated aerial applications of insecticide for pine-wilt disease on arboreal arthropods in a pine stand. Jour. Jap. For. Soc. 65(8), 282-287 (1983)：Watanabe, H [24]

Estimation of arboreal and terrestrial arthropod densities in the forest canopy as measured by insecticide smoking. Stork, N.E., J. Adis & K. Didhan (eds.)：Canopy arthropods. Chapman & Hall (London), 401-4014 (1997)：Watanabe, H [24]

Estimation of arboreal arthropods density in a dry evergreen forest in northeast Thailand. Jour.Trop.Ecol. 5, 151-158 (1989).：Watanabe, H. & S. Ruaysoongnern [27]

Management of natural forest containing lacquer trees (*Melanorhoea usitata*) in northern Thailand. Tropical forestry in the 21st century. FORTROP 96, 43-53 (1997)：Watanabe, H., S. Takeda, C. Khemnark, P. Sahunalu & S. Khamyong [16]

On trees in paddy fields in northeast Thailand. Southeast Asian Studies. 28(1), 45-54 (1990)：Watanabe, H., K.Abe, T. Hoshikawa, B. Prachaiyo, P. Sahunalu & C. Khemnark [8]

Sustained use of highland forest stands for benzoin production from Styrax in north Sumatra, Indonesia. Wallaceana 78：15-19 (1996)：Watanabe, H., K. Abe, K, Kawai & P. Siburian [23]

Taungya reforestation method in southeast Asia and traditional Yakihata-zorin (Kobasaku or Kirikaebat) in Japan. Tropics 18(3), 87-92 (2009)：Watanabe, H [4]

The abundance and composition of arboreal arthropods in *Acacia mangiuma* and *Paraserianthus falcataria* plantations in south Sumatra, Indonesia. Tropics 14(3), 255-261 (2005)：Hosaka, T., Watanabe, H. & Bambang Hero Sahrjo [27]

The distribution pattern of *Heritiera littoralis* Dryand. on the Ryukyu islands as affected by seed dispersal via ocean currents. Tropics 19 (1), 21-27 (2012)：Futai, K., Y. Isagi & H. Watanabe [30]

著者プロフィール

渡辺弘之（わたなべひろゆき）

1939年愛媛県生まれ。高知大学農学部卒業。京都大学大学院農学研究科林学専攻修士課程、同博士課程修了。農学博士。京都大学助手・講師・助教授を経て教授。現在、京都大学名誉教授。日本土壌動物学会会長、日本環境動物昆虫学会副会長、関西自然保護機構理事長、京都園芸倶楽部会長、日本林学会評議員・関西支部長、国際アグロフォレストリー研究センター理事などを歴任。現在、社叢学会副理事長、滋賀県生きもの総合調査・その他陸生無脊椎動物部会長、ミミズ研究談話会会長。日本土壌動物学会名誉会員。

著書に、『アグロフォレストリーハンドブック』国際農林業協力協会、『東南アジア樹木紀行』昭和堂、『京都 神社と寺院の森』『神仏の森は消えるのか』『由良川源流 芦生原生林植物誌』『京都の秘境・芦生』（ナカニシヤ出版）、『登山者のための生態学』『アニマルトラッキング』（山と渓谷社）、『土壌動物の世界』『カイガラムシが熱帯林を救う』（東海大学出版会）、『東南アジア林産物20の謎』『土の中の奇妙な生きもの』（築地書館）、『琵琶湖ハッタミミズ物語』（サンライズ出版）、『ミミズの雑学』（北隆館）、『熱帯林の恵み』（京都大学学術出版会）など多数。

訳書に『ミミズと土』（チャールズ・ダーウィン）『熱帯多雨林の植物誌』（W・ヴィーヴァーズ・カーター）（平凡社）。共著に、『土の中の小さな生き物ハンドブック』『落ち葉の下の小さな生き物ハンドブック』（文一総合出版）、『熱帯農学』（朝倉書店）などがある。

熱帯の森から　森林研究フィールドノート

2019年12月10日　初版第1刷発行

著　者　渡辺弘之

発行者　渡辺弘一郎

発行所　株式会社あっぷる出版社
〒101－0064 東京都千代田区神田猿楽町２－５－２
TEL 03－3294－3780　FAX 03－3294－3784
http://applepublishing.co.jp/

装　幀　神田昇和

組　版　Katzen House　西田久美

印　刷　モリモト印刷

定価はカバーに表示されています。落丁本・乱丁本はお取り替えいたします。